3
교양수학
시리즈

그래프 이론의 기초

김인경 지음

KYOWOO

머리말

드디어, '교양수학 시리즈'의 마지막 '그래프 이론의 기초'가 출판되게 되었다. 처음부터 이 시리즈는 세 권으로 이루어져서 완성되는 것을 계획으로 삼았다. 그래서 2014년, 2016년 두 권이 탈고되어 출판에 들어가서 2015년, 2017년에 출판이 되어서 나왔다. 그렇게 보면 마지막 3권인 '그래프 이론의 기초'는 2018년에 완성되어 2019년에 출판이 되었어야 한다. 하지만, 앞의 두 권은 자료가 있는 상태에서 쓰다보니 제때 쓸 수 있었지만, '그래프 이론의 기초'는 머릿속에만 있던 생각을 책으로까지 나오는데 시일이 오래걸렸다. 중간에 코로나 시즌도 있고, 이러저러한 핑계로 이제야 탈고를 하게 된 것에 애타게 3권이 완성되길 기다리신 교우사 남궁양 부장님께 송구스러울 뿐이다.

이 책은 그래프 이론의 기초가 되는 내용으로 구성되었다. I.장은 그래프 이론의 배경이 되는 이야기와 기본 이론을 다루었고, II.장은 기초적인 그래프에 대해서 다루었다. III.장은 회로에 대해 다루었고, IV.장은 수형도, V.장은 행렬을 도입한 그래프의 활용에 대해 살펴본다. 이전과 마찬가지로 기본적인 정의, 정리를 바탕으로 예제와 문제를 제시하였다. 뿐만 아니라, 문제의 풀이과정과 정답도 뒷부분에 제시하였다.

이 책에서 다루는 그래프 이론은 이산수학의 한 분야로서 어렵게만 생각되어오던 내용을 좀 더 쉽게 누구나가 접근해서 파악할 수 있는 정도의 수준으로 다루고자 노력하였다. 하지만 그래도 어려운 부분이 존재할 것이다. 이는 누구나가 겪는 어려움이고 이를 극복하면 한 단계 더 나아간 수학 수준에 도달하게 될 것이다. 이전의 '교양수학 시리즈'와 함께 '그래프 이론의 기초'를 다루어본다면 보다 나은 수준의 수학적 소양을 가지게 될 것이다. 이제 '그래프 이론의 기초'를 출판함으로서 '교양수학 시리즈'를 마감하게 된 것을 기쁘게 생각하며, 글을 읽는 독자들에게도 수학을 하는 즐거움이 전달되기를 바란다.

우암산 자락에서 저자

차례

CHAPTER

01 그래프 이론

1. 그래프 이론의 시작

그래프(graph)는 꼭짓점과 변으로 이루어진 도형이다. 일반적으로 우리가 그래프라고 하면, 함수의 그래프로 좌표평면에 그리는 것을 떠올리지만, 사실 점과 변으로 이루어지면 어디에 그려지건 모두 그래프가 되는 것이다. 그러한 그래프가 하나의 이론으로 만들어지게된 시초는 레온하르트 오일러(Leonhard Euler)가 1736년에 쓴 쾨니히스베르크(Königsberg)의 다리 문제에 대한 논문으로 여겨진다.[1] 이 논문에서 오일러는 그래프의 한붓그리기 존재 여부에 대한 간단한 필요충분조건을 제시하였다. 이후, 19세기에 들어서면서, 수학·물리학의 각종 분야에서 그래프의 개념이 등장하기 시작하였다. 그리고, 오늘날의 그래프 이론뿐만 아니라 위상기하학이 나오게 되었다.

오일러의 이 논문 이후의 연구들을 살펴보면 다음과 같다. 1845년에 구스타프 키르히호프(Gustav Kirchhoff)는 전기회로를 다루는 키르히호프의 전기회로 법칙(Kirchhoff's rules)을 발견하여 출판하였다. 이 이론은 오늘날 네트워크 이론의 시초가 되었다. 1852년에는 프랜시스 거스리(Francis Guthrie)는 4색 정리를 추측하였다. 간단하게 보이는 이 문제는 오랫동안 난제로 남아 그래프 이론에 관심을 불러일으켰다. 1857년에 윌리엄 해밀턴(William Hamilton)은 해밀턴 경로의 개념을 도입하였고, 곧 해밀턴 경로의 존재 여부에 대한 문제가 제기되었다. 1878년에는 아서 케일리(Arthur Cayley)는 군(Group)의 케일리 그래프를 정의하였다. 이렇게 새롭게 나타나는 난제들을 풀기 위해, 율리우스 페테르센(Julius Petersen), 앨프리드 켐프(Alfred Kempe), 쾨니그 데네시(Kőnig Dénes), 조지 버코프(George Birkhoff), 해슬러 휘트니(Hassler Whitney), 윌리엄 토머스 텃(William

---

1) Alexanderson, Gerald (July 2006). "Euler and Königsberg's bridges: a historical view". 《Bulletin of the American Mathematical Society》 43 (4): 567. doi:10.1090/S0273-0979-06-01130-X

Thomas Tutte) 등은 그래프 이론의 기초적인 개념 및 정리들을 정립하였다. 그리고 쾨니그 데네시는 1936년에 그래프 이론에 대한 최초의 책을 출판하였다.2) 그 이후 현재까지 그래프 이론은 활발히 연구되고 있다.

이제 그래프 이론의 시초가 되었던 오일러의 쾨니히스베르크의 다리 문제를 살펴보자. 1735년 스위스의 수학자 오일러는 옛날부터 전해오던 쾨니히스베르크 다리 문제를 분석·발표했다. 이는 섬을 가운데 두고 양 옆으로 갈라져 흐르는 강에 놓인 7개의 다리를 1번씩만 건너서 모든 다리를 건너는 방법을 알아내는 것이다. 그는 이 문제의 답이 존재하지 않음을 증명하였다. 세부 설명은 다음과 같다.3)

문제 쾨니히스베르크시의 한 가운데는 프레겔 강이 흐르고 있고 여기에는 가운데 섬들과 연결되어있는 일곱 개의 다리가 있다. 그 다리들을 한 번씩만 차례로 모두 건널 수 있는가?

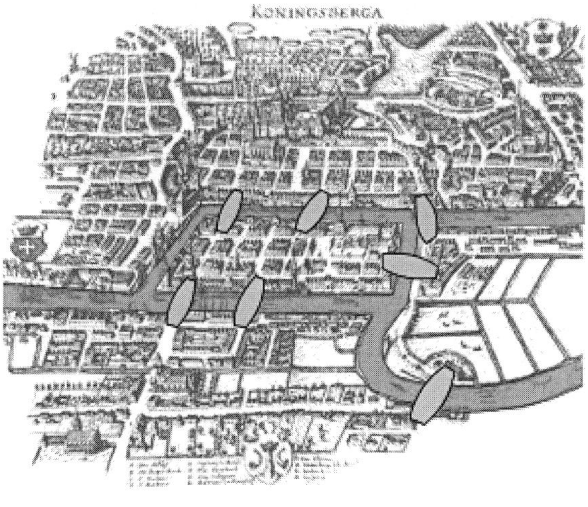

[그림 1] 오일러 시절 쾨니히스베르크의 지도4)

2) ttps://ko.wikipedia.org/wiki/%EA%B7%B8%EB%9E%98%ED%94%84_%EC%9D%B4%EB%A1%A0 참고

3) https://namu.wiki/w/%EC%BE%A8%EB%8B%88%ED%9E%88%EC%8A%A4%EB%B2%A0%EB%A5%B4%ED%81%AC%20%EB%8B%A4%EB%A6%AC%20%EA%B1%B4%EB%84%88%EA%B8%B0%20%EB%AC%B8%EC%A0%9C 참고

4) https://ko.wikipedia.org/wiki/%EC%BE%A8%EB%8B%88%ED%9E%88%EC%8A%A4%EB%B2%A0%EB%A5%B4%ED%81%AC%EC%9D%98_%EB%8B%A4%EB%A6%AC_%EB%AC%B8%EC%A0%9C

해답 및 설명

프로이센 왕국 동프로이센의 쾨니히스베르크 시–오늘날 러시아 칼리닌그라드 주 칼리닌그라드 시–를 흐르는 프레겔 강에는 크나이프호프와 롬세라는 두 하중도가 있다. 이 독특한 지형의 강을 건너기 위해 일곱 개의 다리가 건설되었는데, 여기에서 시작된 문제로 유명한 한붓그리기 문제이다. 이 문제를 가장 처음으로 제시한 사람이 누구인지는 알려져 있지 않다. 하지만 많은 사람들이 이 문제의 답을 찾기 위해 노력을 했다. 결론적으로, 이 문제의 답은 "없다"이다. 직접 해 보려고 동선을 어떻게 그어도 다리 하나가 항상 건너지 못한 채로 남아 있게 된다.

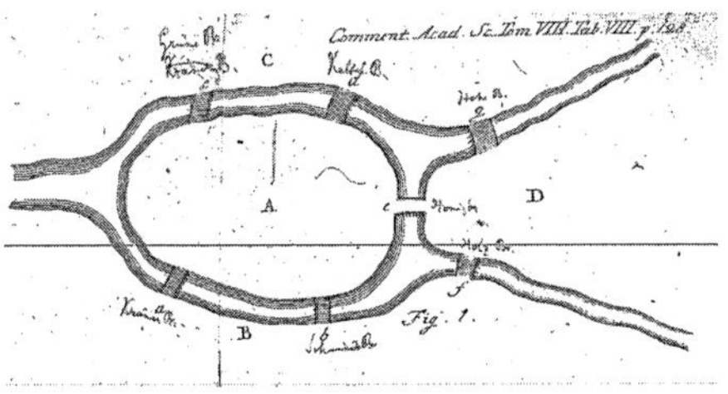

[그림 2] 오일러가 제시한 그림[5]

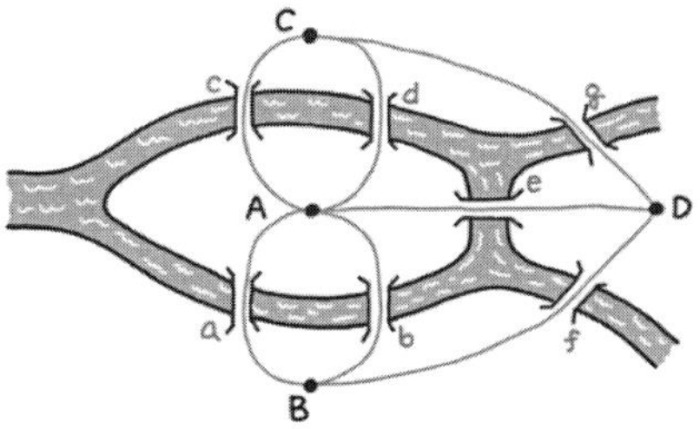

[그림 3] 오일러가 제시한 그림의 현대화[6]

당시 오일러는 이 문제를 [그림 2]와 같은 형태로 각각의 다리에 a부터 g까지 이름을 부여하고 도식화하여 문제를 해결하였다. 논문에 포함된 이 오일러의 스케치는 현대에 이르러 그래프 구조의 원형이 되었다. 오일러의 스케치를 현대식 그래프 구조에 따라 나타낸 오른쪽 [그림 3]에서는 A부터 D까지를 꼭짓점(Vertex)과 a부터 g까지는 변(Edge)으로 구성된 그래프라는 수학적 구조를 찾아볼 수 있다.

오일러는 모든 꼭짓점이 짝수의 차수(Degree)를 갖는다면 모든 다리를 한 번씩만 건너서 도달하는 것이 성립한다고 말했다. 오일러는 어떤 그래프의 한 꼭짓점에서 시작하여 펜을 떼지 않고 모든 변을 한번씩만 지나서 처음 출발점으로 되돌아오는 길을 가지려면 각 꼭짓점에 연결된 변의 개수가 모두 짝수여야 함을 증명했다. 이를 오일러의 정리(Euler's Theorem)라 부른다. 아울러 모든 변을 한 번씩 방문하는 유한 그래프(Finite Graph)를 일컬어 오일러 경로(Eulerian Trail/Eulerian Path)라 부르며, 우리가 어려서부터 하던 놀이

---

5) Euler, L.(1741). Solutio Problematis ad Geometriam Situs Pertinentis. Commentarii Academiae Scientiarum Imperialis Petropolitanae, 8, 128-140

6) 박상길, 정진호(2020). 파이썬 알고리즘 인터뷰, p.319, 책만.

중 하나인 한붓그리기라고도 말한다. 글자 그대로 한 번도 붓을 떼지 않고 모든 변을 한 번씩만 그리는 것을 의미한다. 그리고 마지막으로 가장 중요한 사항으로, 증명에 따르면 쾨니히스베르크의 다리는 모든 점이 짝수의 차수를 갖지 않으므로, 오일러 경로가 아니다.

다음 [그림 4]는 현재의 쾨니히스베르크(칼리닌그라드)의 다리를 찍은 위성사진으로, 오일러가 해결하려던 강의 다리의 수와 위치는 달라졌지만 여전히 한 번에 건너는 방법은 없다. [그림 4]는 [그림 2]에서 A와 B사이와 A와 C사이의 다리가 하나씩 사라지고, C와 D사이의 다리가 하나더 생긴 상황이다. 그래서 A와 C는 차수가 3이고, B와 D는 차수가 각각 2와 4이다. 앞에서 모든 다리를 통과하기 위해서는 모든 점의 차수가 짝수가 되어야 한다고 했는데, A와 C의 차수가 홀수이므로 여전히 이 다리들을 한 번씩만 건너서 모두 돌아보는 방법은 없다.

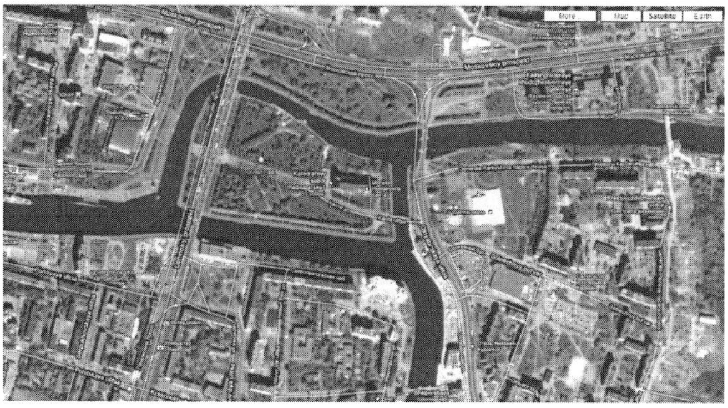

[그림 4] 현재의 쾨니히스베르크의 다리 [7)]

이렇게 단순해 보이는 일상의 문제를 해결하기 위해 시작된 그래프 이론은 우리가 의식하고 있지 못하는 우리 주변의 많은 문제를 해결하는데 많이 쓰이고 있다. 다음 절에서 그래프 이론이 우리 주변에서 어떻게 적용되어 사용되고 있는지 다양한 사례를 통해서 살펴보자.

---

7) https://namu.wiki/w/%EC%BE%A8%EB%8B%88%ED%9E%88%EC%8A%A4%EB%B2%A0%EB%A5%B4%ED%81%AC%20%EB%8B%A4%EB%A6%AC%20%EA%B1%B4%EB%84%88%EA%B8%B0%20%EB%AC%B8%EC%A0%9C

2. 그래프 이론의 다양한 적용 사례

그래프 이론은 우리와 멀리 떨어져있는 것이 아니라 항상 우리 곁에 있다. 예를 들면, 지하철을 탈 때도 지하철 노선도를 앞의 오일러의 다리처럼 생각하고 적용할 수도 있다.

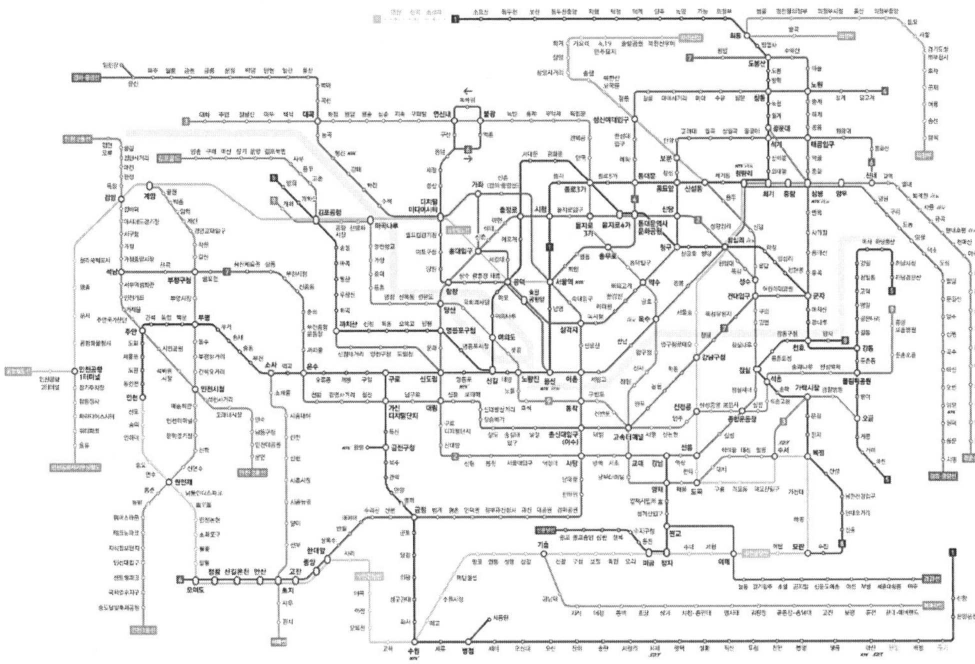

[그림 5] 서울의 지하철 노선도

타는 곳과 내리는 곳을 정하고 그 사이의 선들을 이용하는 것이다. 그래서 이 지하철 노선도는 그래프 이론의 정의에 나타나는 꼭짓점과 변을 이용한 그림으로 볼 수 있는 것이다. 뿐만 아니라 이들 지도에서도 적용할 수 있다([그림 6] 참고). 지도상의 두 도시를 정하고 그 사이의 도로를 선으로 보는 것이다. 그리하여, 한 도시에서 출발하여 다른 도시로 가는 길을 찾을 수도 있고, 최단 거리나 최단 시간을 찾는 방법에 그래프 이론을 쓸 수도 있다. 이와 같은 방식으로 항공편의 노선도를 만들 수도 있다. 최단 거리와 최단 시간을 적용하여 노선을 짤 수도 있는 것이다. 뿐만 아니라, 우리가 일상적으로 많이 지나다니는 삼거리, 사거리에서 신호등의 순서도 그래프 이론을 적용해서 만들 수 있다. 그리고, 지도를 나라별로 색칠할 때 최소의 색깔로 칠할 수 있는 방법을 찾는 색칠 문제에도 그래프 이론을 적용하면 풀 수 있다. 그 답은 4가지 색으로 우리가 4색 문제라고 부르는 것이다. 이에 대한 상세한 설명은 이후 다른 장에서 상세히 다룰 것이다.

[그림 6] 수도권을 나타낸 지도

그래프 이론은 수학뿐만 아니라 다른 과학 분야인 화학적 분자 구성을 나타내는 데에도 적용할 수 있다. 다음 그림은 화합물인 포화탄화수소를 꼭짓점과 변으로 표현한 그래프이다.

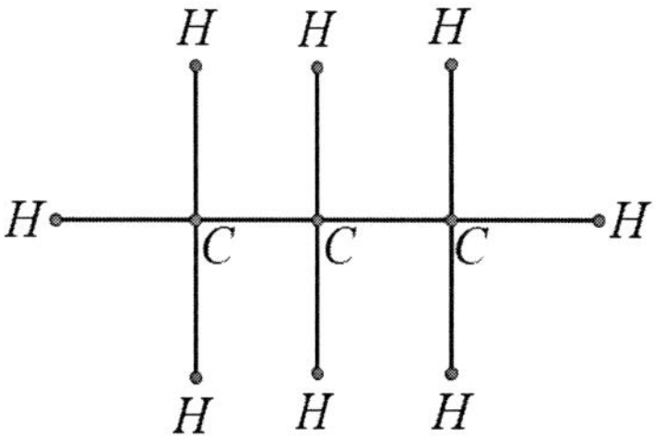

[그림 7] C_3H_8인 포화탄화수소

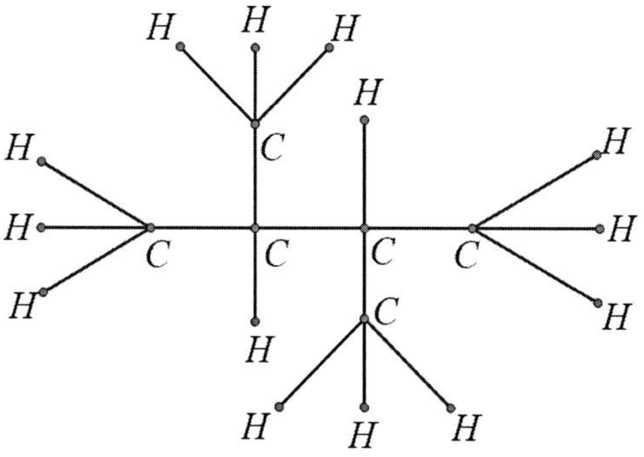

[그림 8] C_6H_{14}인 포화탄화수소

이러한 그래프를 수형도라고 하는데 자세한 내용은 이후 다른 장에서 자세히 다룰 것이다. 이 뿐만 아니라 우리가 보통 가계도라고 부르는 것이나 생물의 분류 등도 일반적으로 나무의 형태를 기본으로 삼아서 표현하기도 한다. 이 또한 자세한 설명은 이후에 제시된 각 장에서 설명을 할 것이다. 이제 기본적인 그래프의 정의들에 대해서 살펴보자.

3. 그래프 이론의 기본 정의

정의 1. 그래프 G는 꼭짓점(점, vertices, points)과 두 점을 연결하는 변(edges, lines)으로 이루어진 도형이다. 이를 기호로 간단히 G(V, E)로 나타내기도 한다.

예제 1. 다음 각 그래프의 꼭짓점과 변의 개수를 구하시오.

(1)

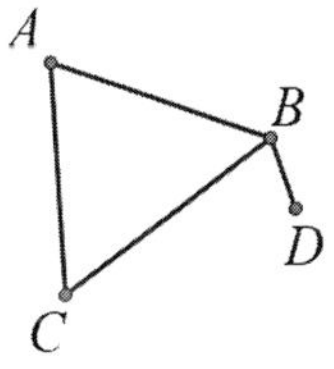

(2)

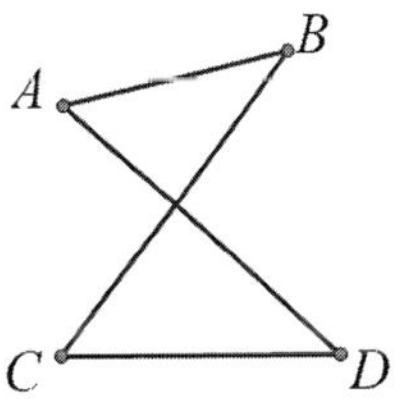

풀이 (1) 꼭짓점 4개, 변 4개

(2) 꼭짓점 4개, 변 4개

문제 1. 다음 각 그래프의 꼭짓점과 변의 개수를 구하시오.

(1)

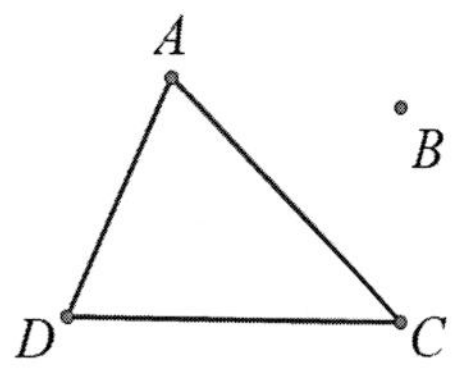

(2)

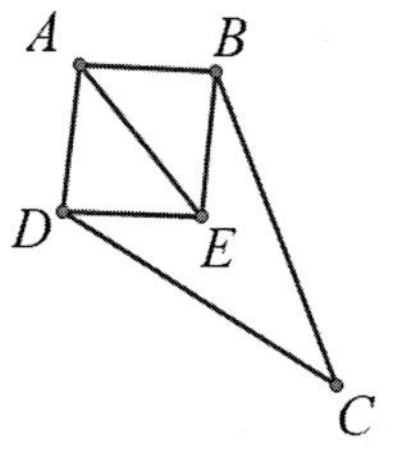

문제 2. 다음 각 경우를 그래프로 그려보시오.

(1) 꼭짓점 4개, 변 6개

(2) 꼭짓점 5개, 변 3개

(3) 꼭지점 6개, 변 7개　　　　(4) 꼭지점 6개, 변 3개

정의 2. $V(G)$는 그래프 G의 꼭짓점들의 집합을 말한다. $E(G)$는 그래프 G의 변들의 집합을 말한다. 그리고 만약 u와 v가 그래프 G의 꼭짓점이라면 이 둘을 연결한 선은 uv 또는 vu라고 부른다.

예제 2. 다음 주어진 그래프 G의 꼭짓점의 집합 $V(G)$과 변의 집합 $E(G)$을 구하시오.

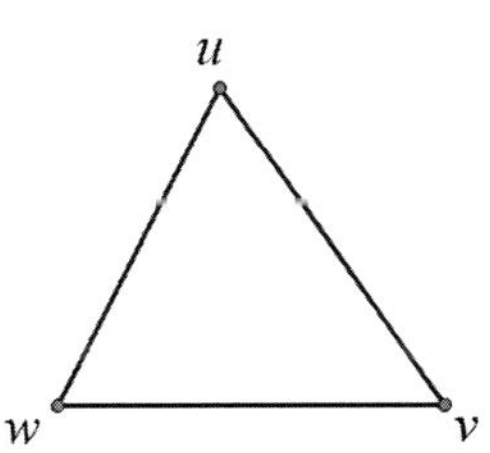

풀이 $V(G)=\{u, v, w\}$, $E(G)=\{uv, vw, wu\}$

문제 3. 다음 각 그래프의 꼭짓점의 집합과 변의 집합을 구하시오.

(1)

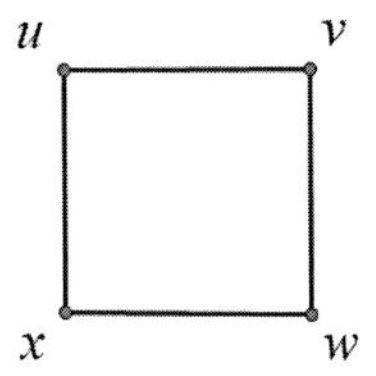

(2)

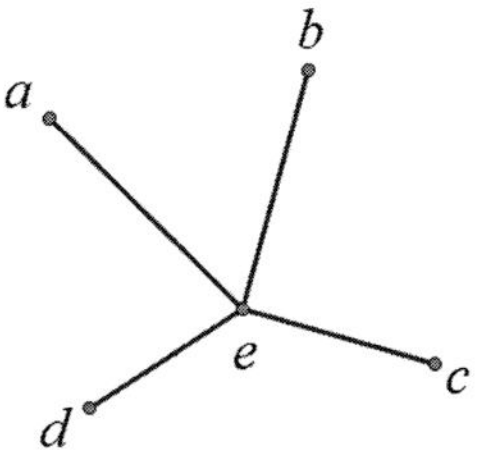

문제 4. 다음과 같은 꼭짓점과 변의 집합을 갖는 그래프를 그려라.

(1) 꼭짓점의 집합={가, 나, 다, 라}, 변의 집합={가나, 나다, 나라, 다라}

(2) 꼭짓점의 집합={A, B, C, D, E}, 변의 집합={AC, BD, AD}

정의 3. 두 점을 연결하는 변이 두 개 또는 그 이상의 변을 가질 때 그 변을 다중 변(multiple edges)라고 부른다. 한 점에서 자기 자신으로 변을 그었을 때, 이를 고리(loop)라고 부른다.

예 1. 이 그래프에서는 꼭짓점 A와 D 사이에 변이 두 개이므로 다중 변이고, 꼭짓점 B에서 자기 자신으로 변을 그은 것이 있으므로 이것이 고리이다.

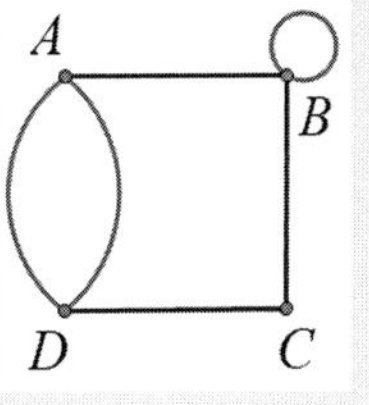

정의 4. 그래프 G의 한 점 v에서 연결된 변의 개수를 v의 차수(degree)라고 하고, $d(v)$로 나타낸다. 단, 고리는 두 변으로 간주한다.

예제 3. 다음 그래프의 각 꼭짓점에서의 차수를 구하시오.

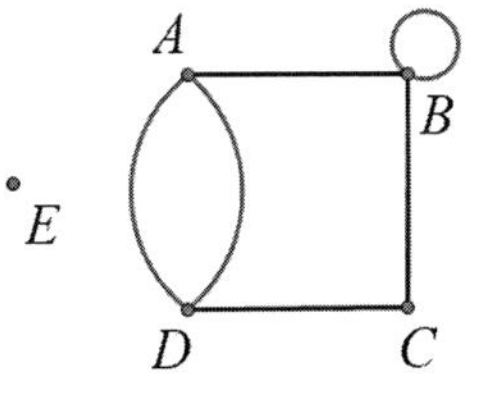

풀이 $d(A)=3$, $d(B)=4$, $d(C)=2$, $d(D)=3$, $d(E)=0$

문제 5. 다음 그래프들의 각 꼭짓점에서의 차수를 구하시오.

(1)

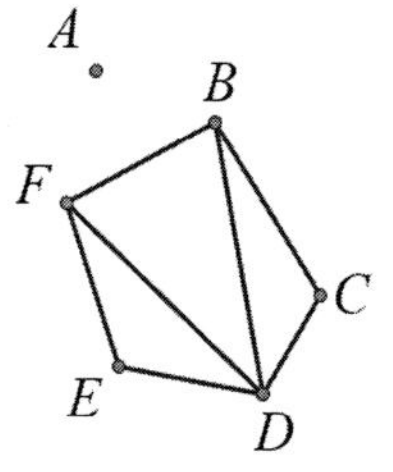

(2)

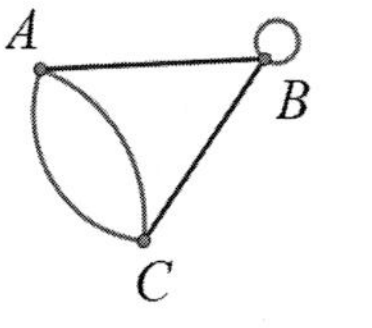

정의 5. 두 개의 그래프 G와 H에서 G의 꼭짓점들과 H의 꼭짓점들이 일대일 대응이고, G의 점들을 연결한 변의 수와 H에 대응되는 점들을 연결한 변의 수가 같을 때, 그래프 G와 H는 동형(isomorphic)이다.

예 2. 다음 세 개의 그래프는 모양은 다르지만, 꼭짓점과 변의 수와 연결상태가 같으므로 모두 동형이다.

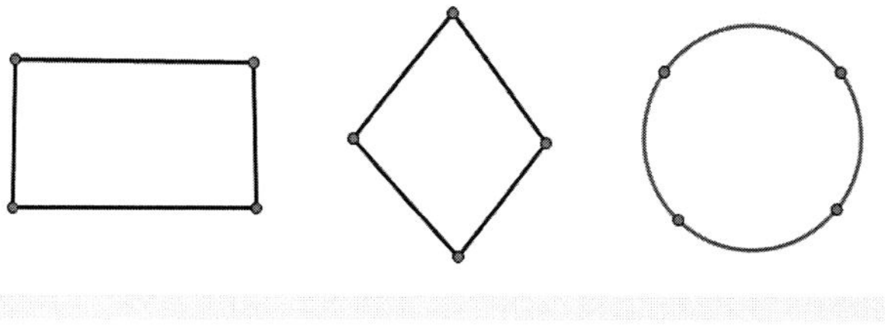

문제 6. 다음 두 그래프가 동형임을 보이시오.

(1)

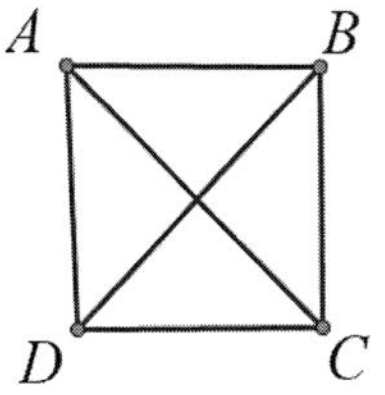

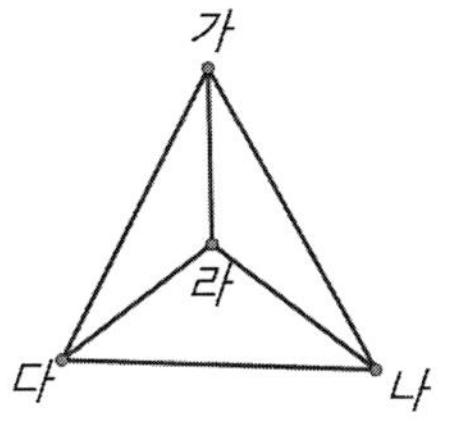

(2)

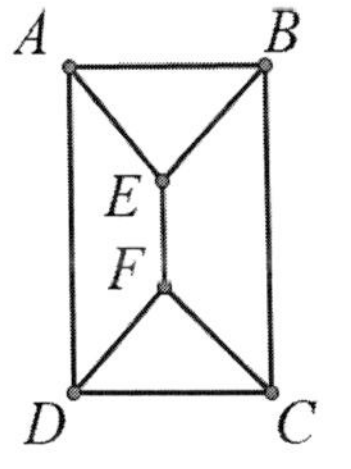

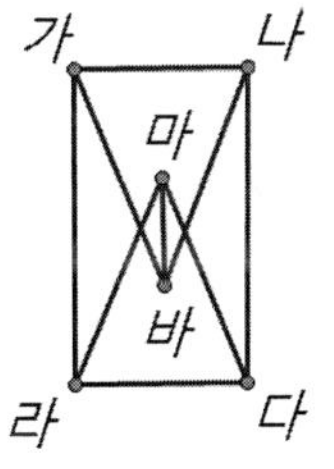

문제 7. 다음 두 그래프가 동형인지 아닌지 증명하시오.

(1)

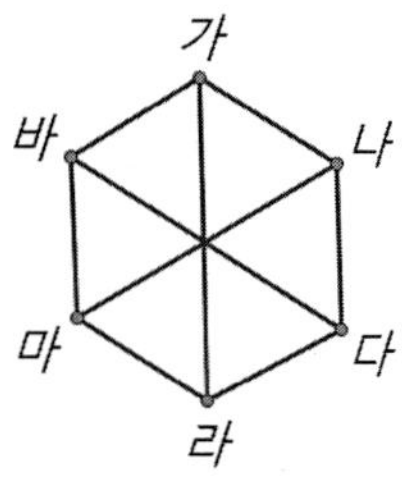

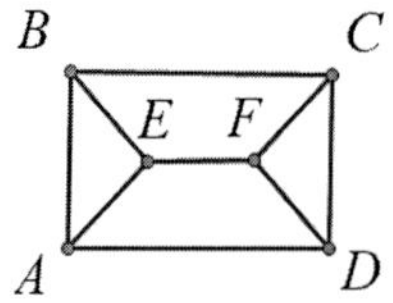

(2)

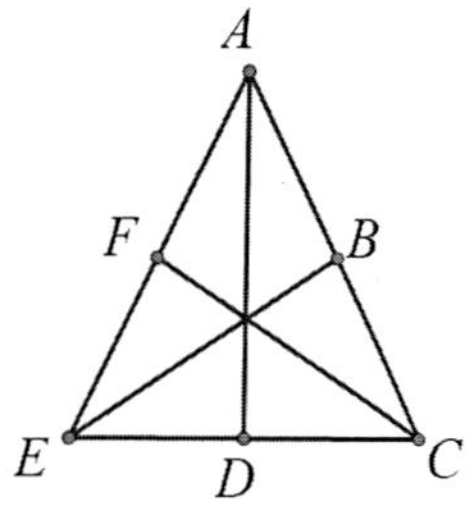

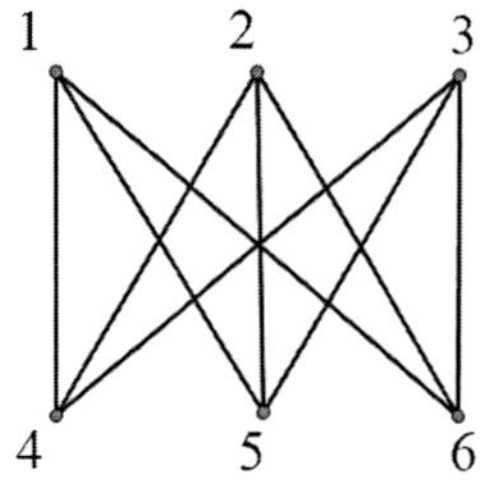

문제 8. 다음 그래프는 로키 항공사에서 운영하는 항로 정보를 나타낸 것이다.

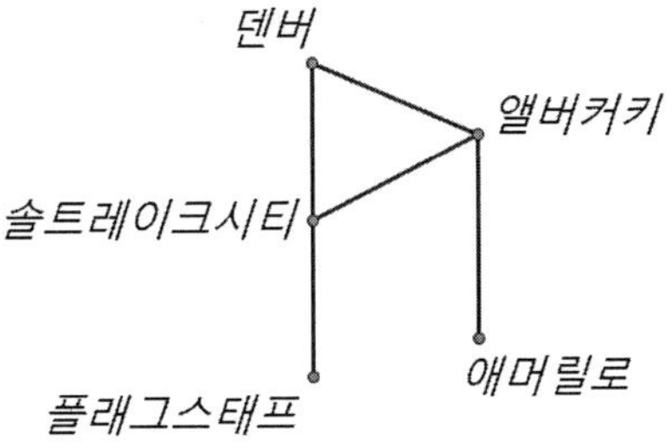

(1) 로키 항공사의 항로 그래프를 보고 아래에 있는 각 그래프의 점에 알맞은 도시의 이름을 써보세요.

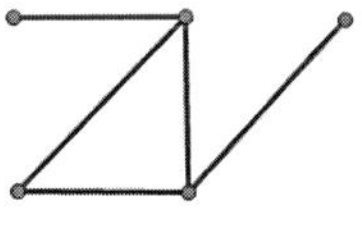

(2) 로키 항공사의 항로 그래프와 같은 내용의 또 다른 그래프를 그려보시오.

정의 6. 다중 변과 고리가 없는 그래프를 단순그래프(simple graph)라고 한다.

예 3. 다음 그래프처럼 다중 변과 고리가 없는 그래프를 단순그래프라고 한다.

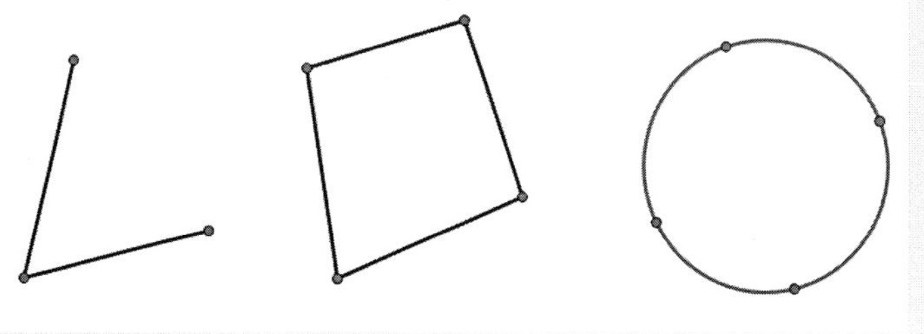

문제 9. 다음 중 단순그래프를 고르시오.

①

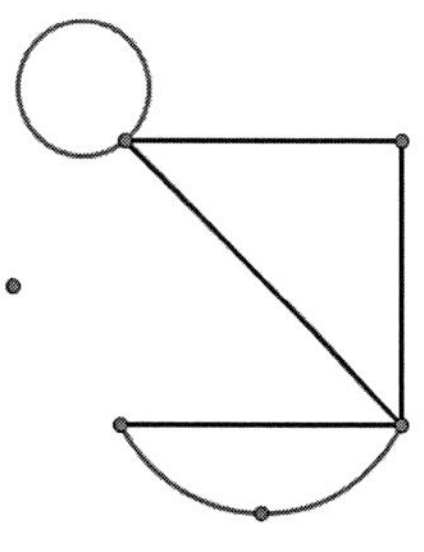

②

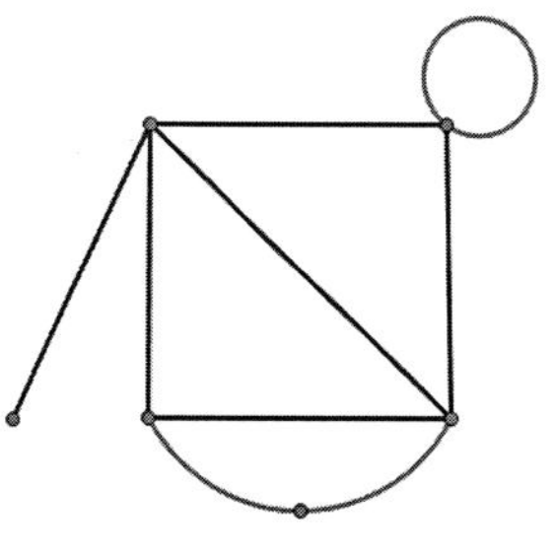

③

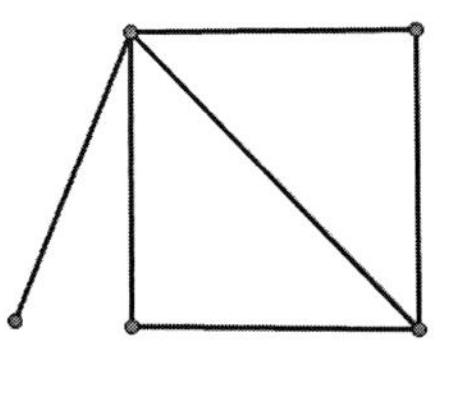

문제 10. 단순그래프를 그려보시오.

정의 7. 두 꼭짓점 사이에 다중 변이 있거나 고리가 있는 그래프를 다중그래프(multigraph)라고 한다.

예 4. 다음 그래프처럼 다중 변이나 고리가 있는 그래프를 다중그래프라고 한다.

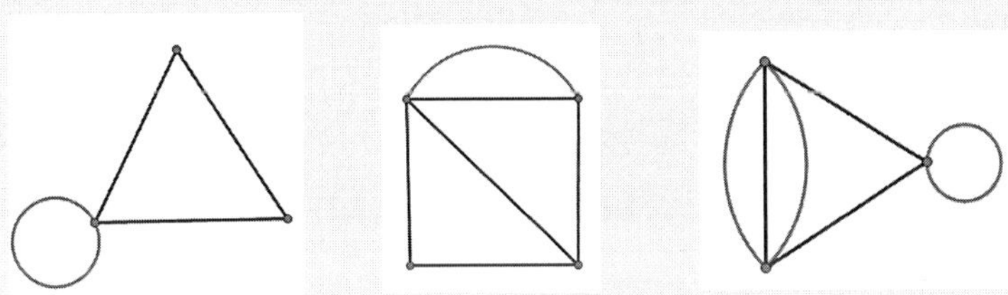

문제 11. 다음 중 다중그래프를 고르시오.

①

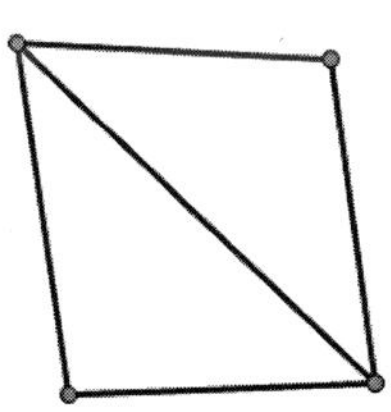

②

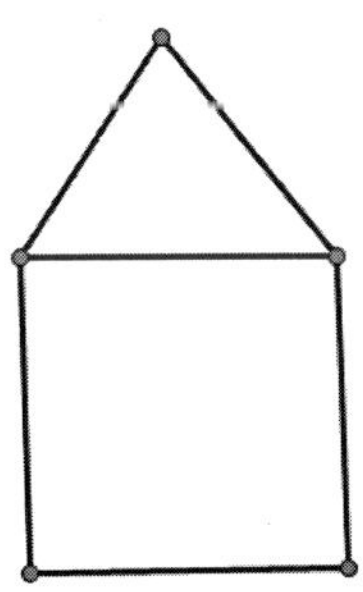

③

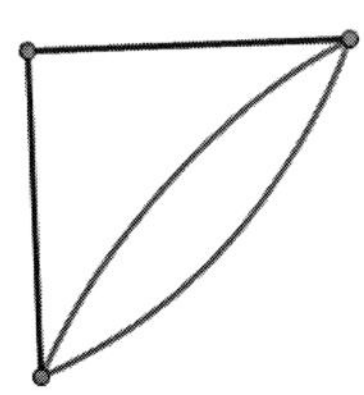

정의 8. k를 자연수라고 하자. 단순그래프 또는 다중그래프에서 꼭짓점 v_i와 v_{i+1}을 잇는 변을 e_i라 하면

$$v_1 e_1 v_2 e_2 v_3 \cdots v_k e_k v_{k+1}$$

을 길이가 k인 길(walk)이라고 하며, v_1과 v_{k+1}을 각각 이 길의 시작점과 끝점이라고 한다. 이 때, 꼭짓점이 반복되지 않는 길을 경로(path)라 하고, 시작점과 끝점이 같은 경로를 회로(cycle, circuit)라고 한다.

예 5. 예를 들어, AkBlCmD는 길이가 3인 길이며, 시작점은 A, 끝점은 D이다. 뿐만 아니라, 꼭짓점이 반복되지 않는 경로이다. 여기에서, AkBlCmDnA이면 길이가 4인 회로가 된다.

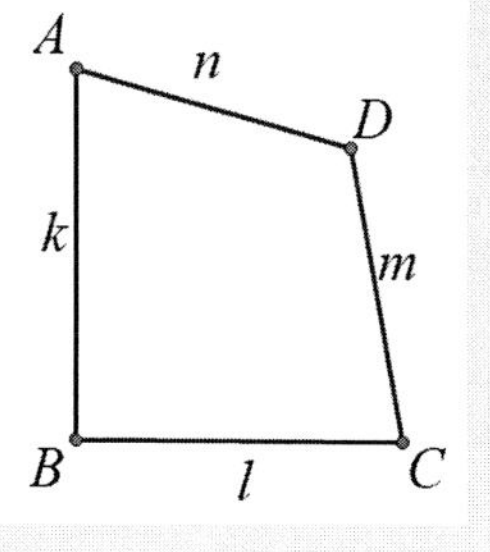

문제 12. 다음 그래프를 보고 물음에 답하시오.

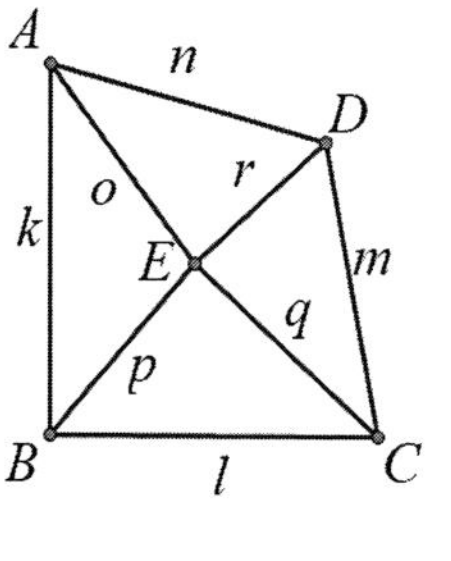

(1) 길이가 5인 길을 찾아보시오.

(2) 경로를 찾아보시오.

(3) 회로를 찾아보시오.

정의 9. 그래프 G에서 각 변에 방향이 있는 그래프를 유향그래프(directed graph, digraph)라고 한다.

예 6. 이 유향그래프 G의 꼭짓점의 집합은 {A, B, C, D, E}이다. 변은 시작점과 끝점을 순서쌍으로 나타낸다. 그리하여, 변의 집합은 {(A, B), (D, B), (D, C), (E, A), (E, C), (E, D)}이다.

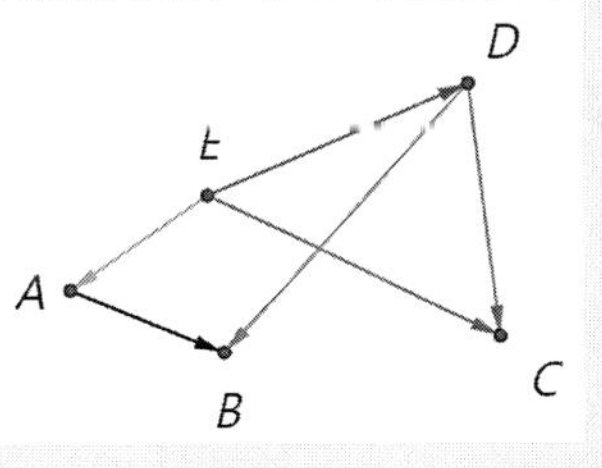

문제 13. 다음 그래프의 꼭짓점의 집합과 변의 집합을 나타내시오.

(1)

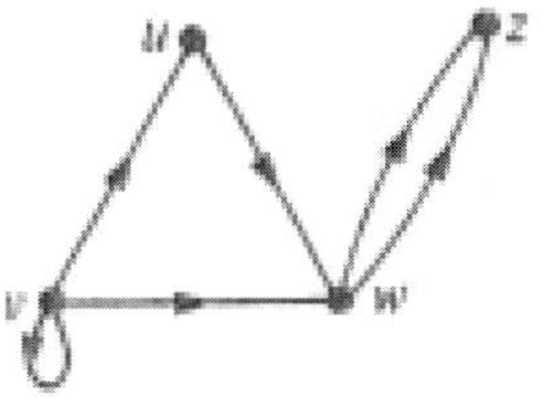

(2)

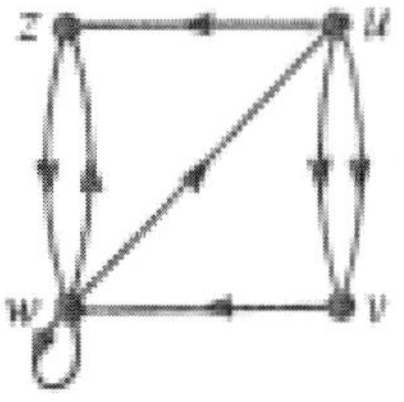

(3)

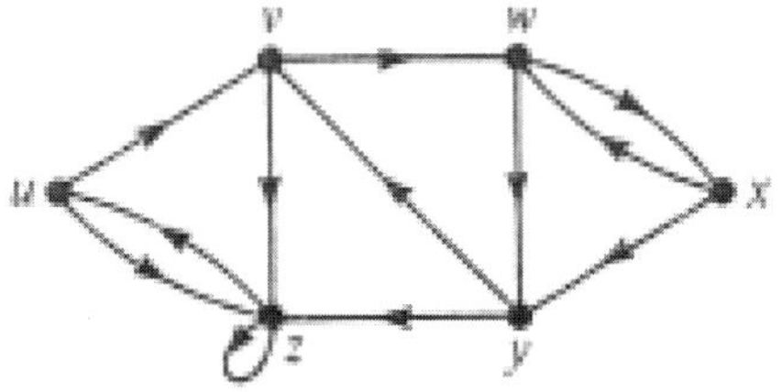

CHAPTER

02 여러 가지 그래프

1. 완전그래프

정의 1. 두 점 사이에 항상 변이 있는 그래프를 완전그래프(complete graph)라고 한다. 그리고 n개의 점을 가진 완전그래프를 K_n으로 나타낸다.

예 1.

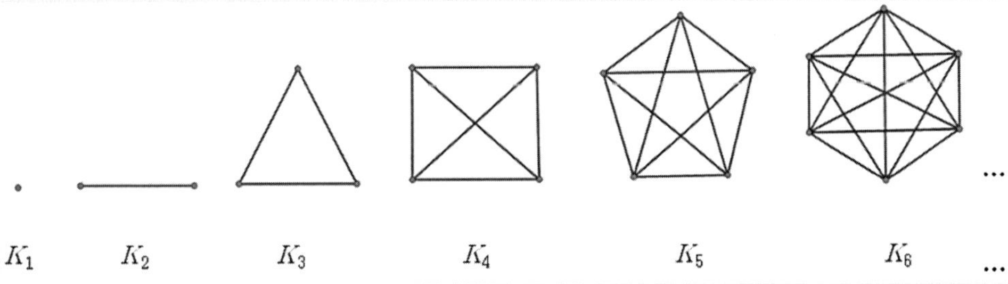

문제 1. 위의 완전그래프에 대한 꼭짓점의 개수, 각 꼭짓점의 차수 및 변의 개수를 나타낸 다음 표를 완성하시오.

	K_1	K_2	K_3	K_4	K_5	K_6	…	K_n
꼭짓점의 개수							…	
각 꼭짓점의 차수							…	
변의 개수							…	

문제 2. 다음 중 완전그래프가 아닌 것을 고르시오.

①

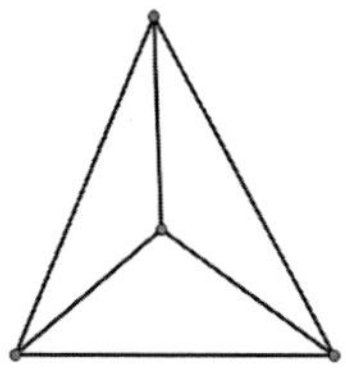

②

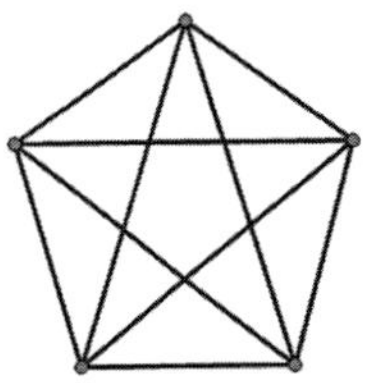

③

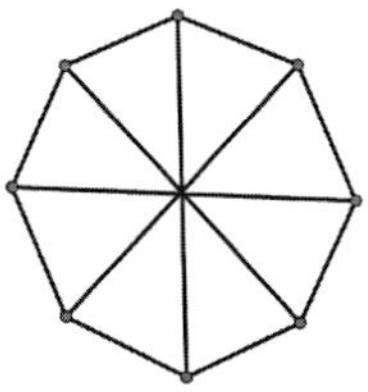

2. 정칙그래프

정의 2. 그래프에서 모든 꼭짓점의 차수가 같은 그래프를 정칙그래프(regular graph, 정규그래프)라고 한다. 이 때, 꼭짓점의 차수가 k일 때, k-정칙그래프라고 한다.

예 2. 1) 완전그래프는 모두 정칙그래프이다.

2) 3-정칙그래프

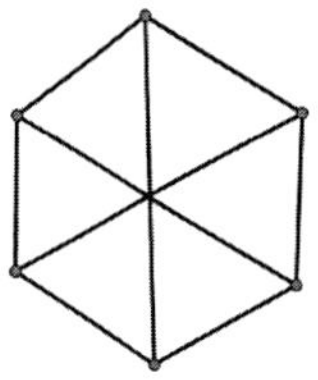

3) 4-정칙그래프

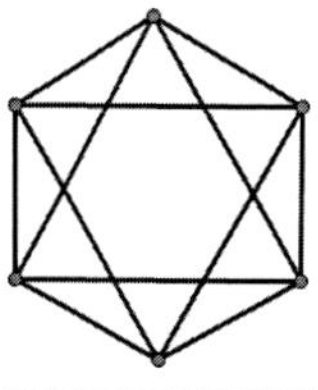

문제 3. 다음 중 정칙그래프가 아닌 것을 고르시오.

①

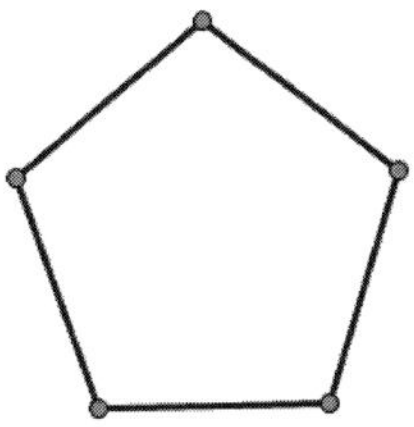

②

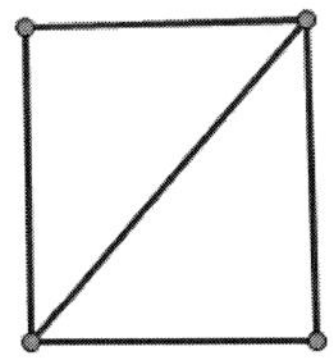

③

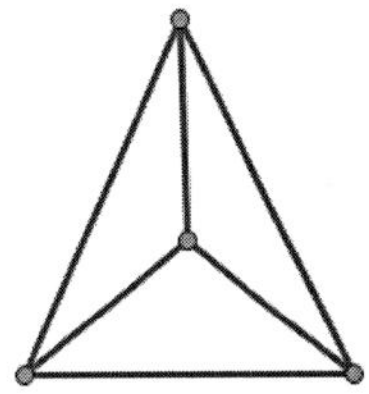

문제 4. 3-정칙그래프와 4-정칙그래프를 각각 그려보시오.

3. 완전이분그래프

정의 3. 그래프 G에서 점들을 두 집합 A, B로 나누었을 때, A의 각 점이 A의 점들과는 연결이 되지 않지만, B의 각 점에 모두 연결된 한 변이 있으면 완전이분그래프(complete bipartite graph)라고 한다. 즉, 이분그래프이면서 A의 각 점과 B의 각 점에 연결된 변이 하나만 있을 때, 완전이분그래프라고 한다. 여기서, A의 점의 수가 r, B의 점의 수가 s인 완전이분그래프를 $K_{r,s}$라고 표기한다(단, r과 s의 크기는 상관없이 표기).

예 3. (1) 아래 그래프는 완전이분그래프로서, 위의 두 점과 아래의 세 점으로 나눌 수 있다. 그리하여, 표기는 $K_{2,3}$나 $K_{3,2}$로 한다.

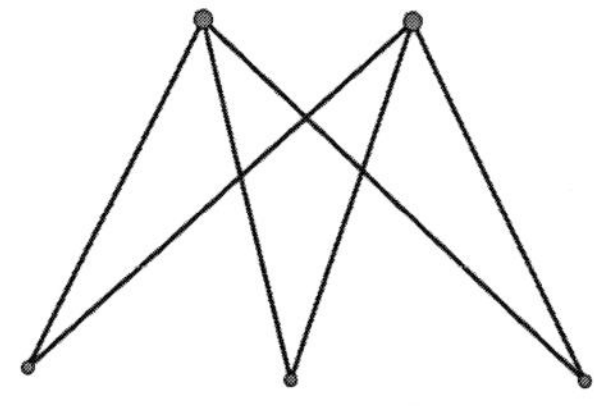

(2) 아래 그래프 역시 완전이분그래프로서, 안의 한 점과 바깥의 다섯 점으로 나눌 수 있다. 표기는 $K_{1,5}$이다. 여기서, $K_{1,s}$로 나타나는 완전이분그래프는 별그래프(star graph)라고 부른다.

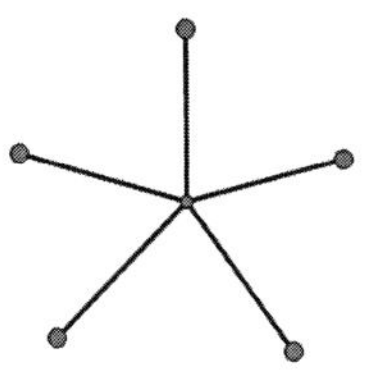

문제 5. 다음 중 완전이분그래프가 아닌 것을 고르시오.

① 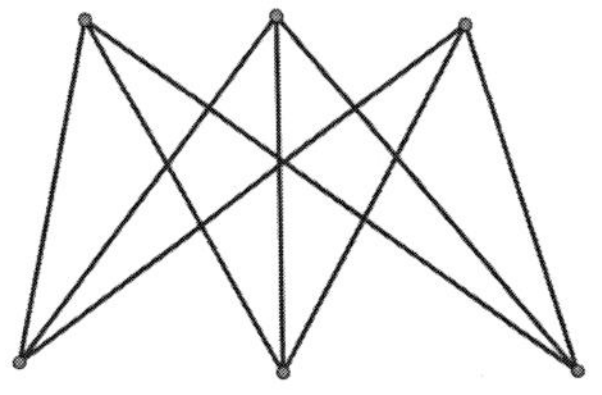

② 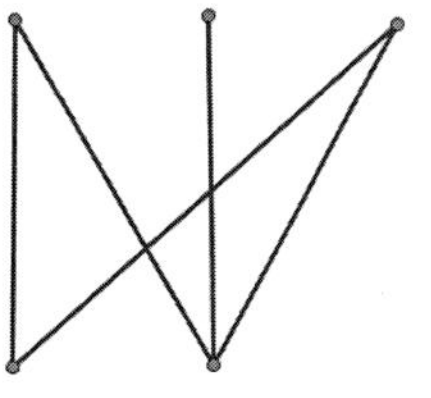

③ 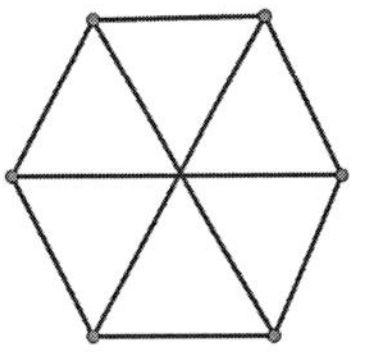

문제 6. 다음 그래프가 완전이분그래프임을 보이시오.

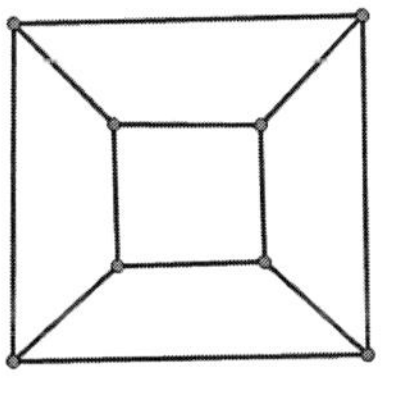

4. 이분그래프

정의 4. 그래프 G에서 점들을 두 집합 A, B로 나누었을 때, A의 각 점이 A의 점들과는 연결이 되지 않지만, B의 점에 연결된 변이 있으면 이분그래프(bipartite graph)라고 한다. 완전이분그래프 역시 이분그래프이다.

예제 4. 다음 그래프가 이분그래프인지 판별하시오.

(1)

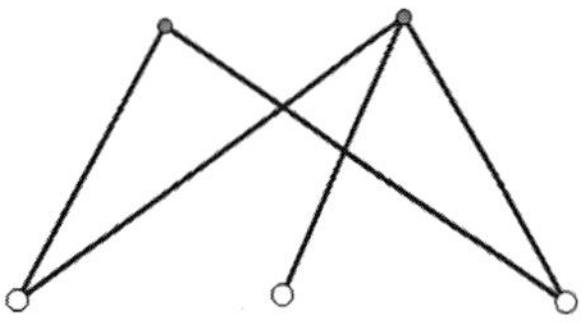

(2)

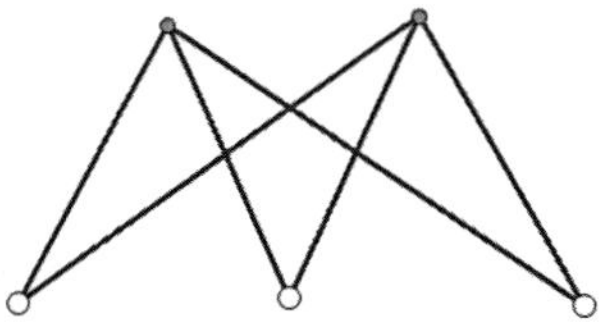

풀이 그래프 (1)은 위의 점들과 아래의 점들로 구분할 수 있다. 그리고 위의 점들끼리 연결된 변이 없고, 아래 점들끼리 연결된 선분이 없기 때문에 이분그래프이다. 그래프 (2)는 완전이분그래프이자 이분그래프이다.

문제 7. 다음 그래프가 이분그래프임을 보이시오.

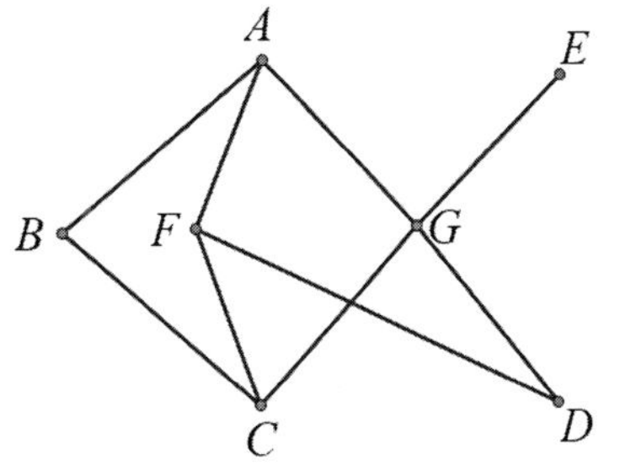

CHAPTER

03 여러 가지 회로

1. 오일러 회로

문제 1. 다음 그래프에서 연필을 떼지 않고 모든 변을 오직 한 번만 지나 시작한 꼭짓점으로 돌아오는지 알아보시오.

(1)

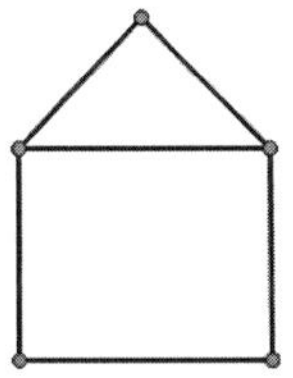

(2)

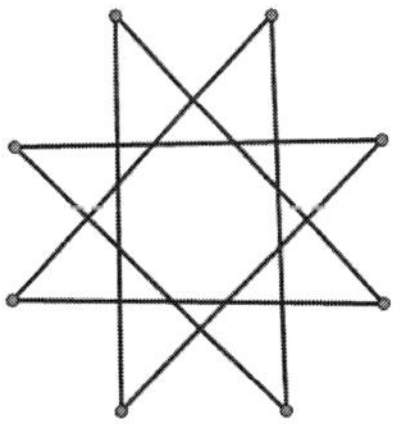

▶ **참고.** 문제 1과 같이 연필을 떼지 않고 모든 변을 한 번만 지나는 것을 한붓그리기라고 한다.

문제 2. 다음 그래프가 한붓그리기가 가능한지 확인하시오(정상권 외, 2010).

(1)

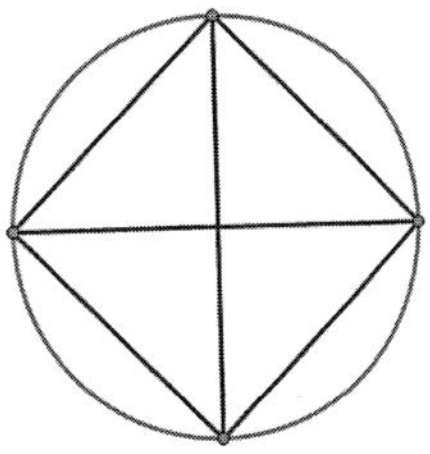

(2)

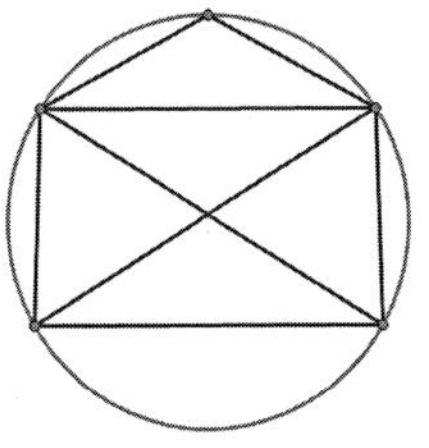

(3)

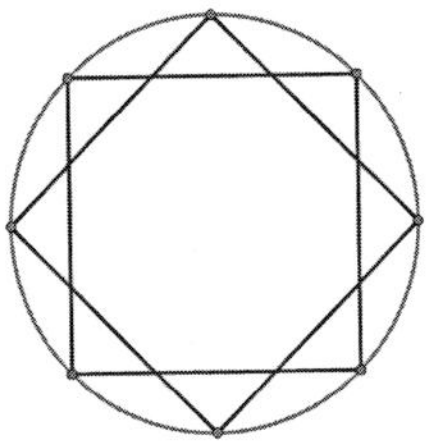

> **정의 1.** 그래프나 다중그래프에서 모든 변을 정확히 한 번만 통과하는 경로를 오일러 경로(Eulerian path)라고 하고, 시작점과 끝점이 같은 오일러 경로를 오일러 회로(Eulerian cycle, Eulerian circuit)라고 한다. 그리고 오일러 회로를 가지는 그래프를 오일러 그래프(Eulerian graph)라고 한다. 하나의 회로로 된 그래프나 완전그래프 역시 오일러 그래프이다.

예제 1. 다음 그래프가 오일러 그래프인지 판별하시오.

(1)

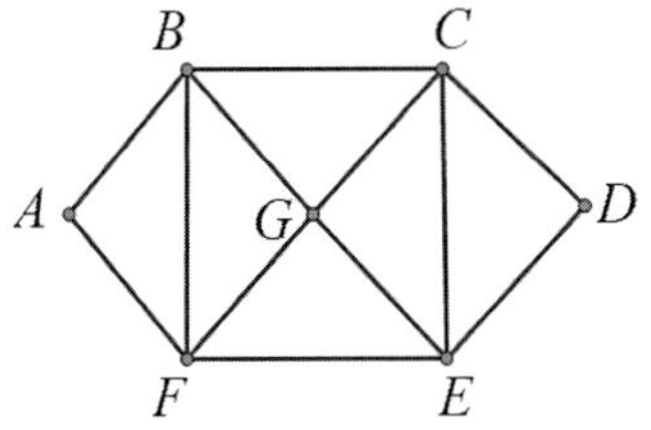

(2)

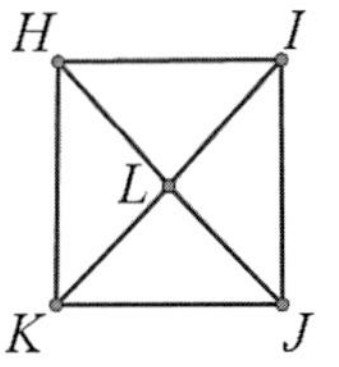

풀이 그래프 (1)은 BAFGCDEGBCEFB라는 오일러 경로를 가지고, 시작점과 끝점이 같으므로, 오일러 회로이다. 그러므로, 그래프 (1)은 오일러 그래프이다. 그래프 (2)는 모든 변을 정확히 한 번만 통과하는 경로가 존재하지 않으므로, 오일러 경로도 오일러 회로도 아니다. 그러므로, 그래프 (2)는 오일러 그래프가 아니다.

문제 3. 다음 각 그래프에서 오일러 회로를 찾으시오.

(1)

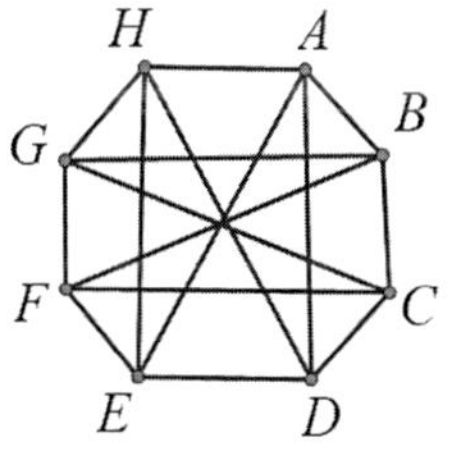

(2)

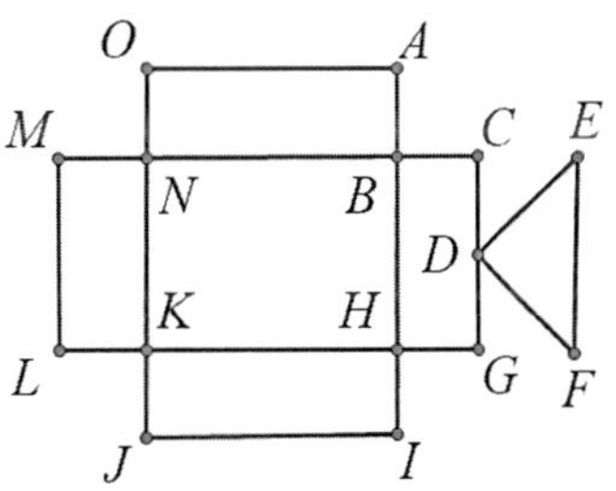

정리 1. 연결그래프(또는 연결다중그래프) G에서 오일러 회로가 존재하기 위한 필요충분조건은 모든 꼭짓점의 차수가 짝수이다.

정리 2. 연결그래프(또는 연결다중그래프) G에서 오일러 경로가 존재하기 위한 필요충분조건은 홀수 차수를 갖는 꼭짓점의 수가 0 또는 2이다.

정리 3. 〈오일러 공식(Euler's formula)〉
연결된 평면그래프 G에서 꼭짓점의 수를 v, 변의 수를 e, 면의 수를 f라 하면,

$$v - e + f = 2$$

가 성립한다.

예제 2. 이전에 언급되었던 오일러가 풀었던 문제를 오일러 경로를 이용하여 풀어보자. 쾨니히스베르크시(러시아 칼리닌그라드 주 칼리닌그라드 시)의 한 가운데는 프레겔 강이 흐르고 있고 여기에는 가운데 섬들과 연결되어있는 일곱 개의 다리가 있다. 다리들을 한 번씩만 모두 건널 수 있겠는가?

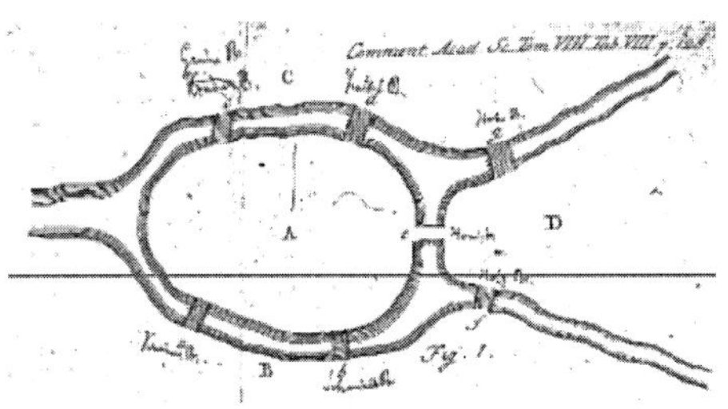

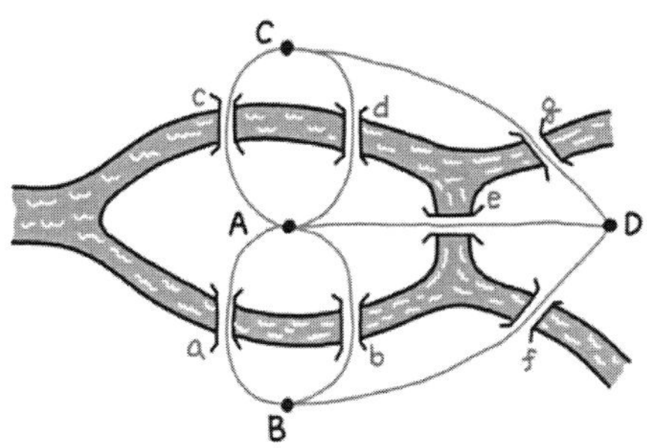

왼쪽의 실제 다리를 스케치한 모양을 오른쪽 그래프의 형태로 바꿀 수 있다. 이를 따로 그리면 다음 그래프와 같다. 이 그래프에서 모든 변을 한 번만 거치는 오일러 경로가 있는지 묻는 것이다. 그렇다면, 정리 2.에 의해 홀수 차수를 갖는 꼭짓점의 수가 4개이므로, 오일러 경로가 존재하지 않음을 알 수 있다.

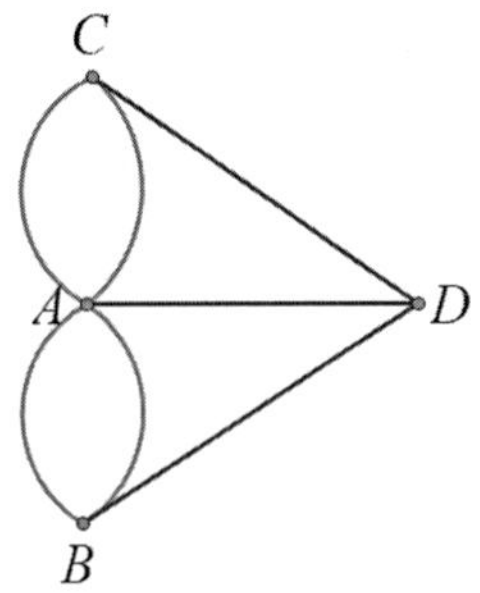

문제 4. 다음 각 그래프에서 오일러 경로를 찾으시오.

(1)

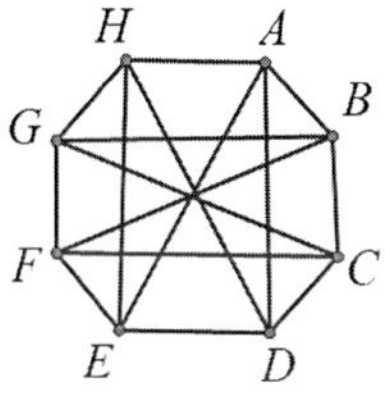

(2)

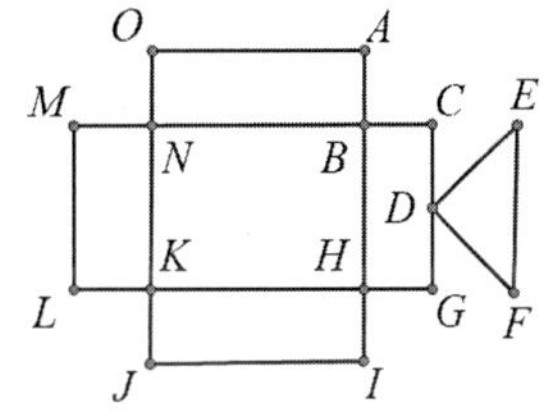

2. 해밀턴 회로

정의 2. 모든 꼭짓점을 정확히 한 번만 통과하는 회로를 해밀턴 회로(Hamiltonian cycle, Hamiltonian circuit)라고 하고, 해밀턴회로를 가지는 그래프를 해밀턴 그래프(Hamiltonian graph)라고 한다. 또 모든 꼭지점을 오직 한 번만 지나지만 시작점으로 돌아오지 않는 경로를 해밀턴 경로(Hamiltonian path)라고 한다.

예제 3. 다음 그래프가 해밀턴 그래프인지 판별하시오.

(1)

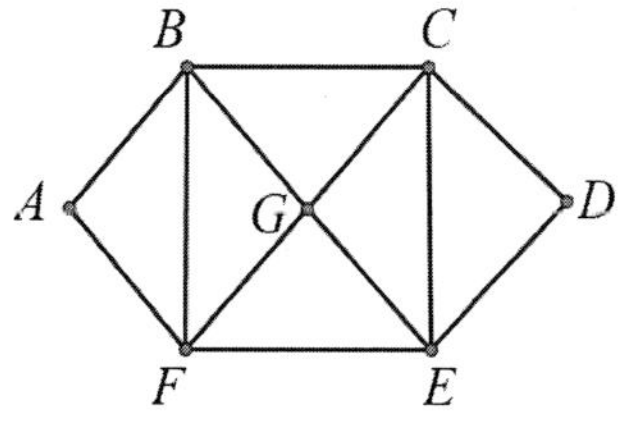

(2)

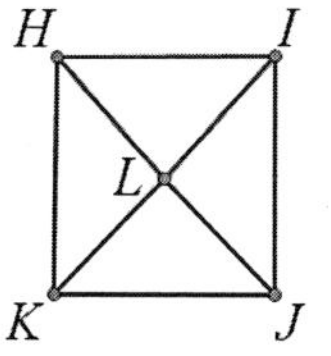

풀이 그래프 (1)은 모든 점을 한 번씩만 지나지만, 시작점으로 돌아오지 않는 FABGEDC로 해밀턴 경로이고, 시작점과 끝점이 같은 BAFGEDCB도 가지므로 해밀턴 회로이다. 그러므로, 그래프 (1)은 해밀턴 그래프이다. 그래프 (2)는 KHLIJ로 해밀턴 경로이고, KHLIJK를 지나는 회로를 가지므로 해밀턴 회로이다. 그러므로 그래프 (2) 역시 해밀턴 그래프이다.

문제 5. 다음 각 그래프에서 해밀턴 회로와 해밀턴 경로를 찾으시오.

(1)

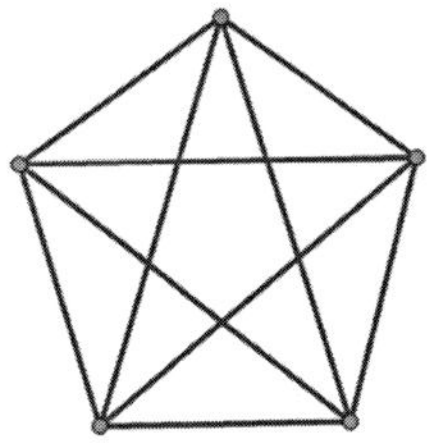

(2)

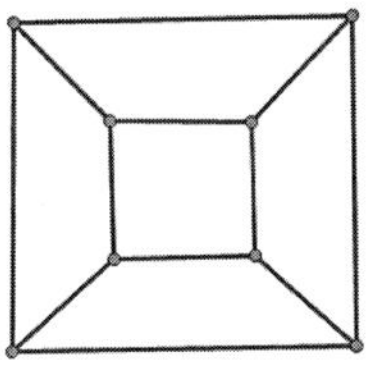

최적화 문제

주어진 조건을 만족하는 여러 개의 해 가운데 목적에 가장 적합한 해를 구하는 문제를 최적화 문제라고 한다. 최소 비용으로 각 지점을 연결하는 방법이나 최단 경로를 찾는 문제는 그래프를 이용한 최적화 문제로 해결할 수 있다.

산타크로스의 여행경로8)

매년 크리스마스가 되면 전 세계 어린이들은 산타크로스의 선물을 기다린다. 산타클로스가 전 세계의 어린이들에게 선물을 전달하기 위한 최단 경로는 무엇일까? 이와 같은 많은 도시를 여행해야하는 방문 판매원이 각 도시를 오가는 비용을 알고 있을 때, 최소 비용이 드는 경로를 찾는 문제를 방문 판매원 문제(Traveling Salesman Problem, 약자로는 TSP)라고 한다.

---

8) 정상권, 이재학, 박혜숙, 홍진곤, 박부성, 김정배, 김상훈, 김윤희, 우혜영(2010). 수학의 활용 익힘책. ㈜ 금성출판사.

TSP는 1800년대에 아일랜드 수학자인 해밀턴(Hamilton, W. R.:1805~1865)과 영국의 수학자인 커크먼(Kirkman, T.)이 제기한 '12개국의 도시를 순회하는 세계 여행 경로'를 탐색하는 문제에서 시작되었다. 이후 1930년대 빈과 하버드의 수학자들 사이에서 일반적인 TSP문제가 연구되었는데 아직 그 최적의 해가 발견되지 않아 수학자들의 뜨거운 관심의 대상이 되고 있다. 많은 수학자들이 많게는 수백만 개의 도시를 포함하는 TSP의 가장 적절한 해를 찾으려고 다양한 방법을 시도하고 있다.

TSP는 물류, 택배, 스쿨버스 등의 차량 순환 문제들이나 로봇이나 컴퓨터 보드의 생산 공정 등에서 작업의 효율을 결정하는 문제 등 다양한 분야의 문제와 연관되어 있다. 최근 한 과학잡지에서는 "공학자여! 개미에게서 배워라."라는 기사를 통하여 개미와 같은 작은 생물들의 이동 경로를 분석하여 TSP의 최적의 알고리즘을 찾는 연구를 소개하기도 하였다.

예제 4. 도시 A를 출발하여 도시 B, C, D, E를 모두 방문하고 다시 A로 돌아오려고 한다. 다음 그림은 각 도시를 꼭짓점으로 하여 변에 두 도시 사이에 필요한 교통비를 적은 것이다. 가장 적은 교통비를 사용하려면, 도시들을 어떤 순서로 방문하여야 할까? 가장 적은 교통비를 구하고, 방문할 도시를 순서대로 쓰시오.

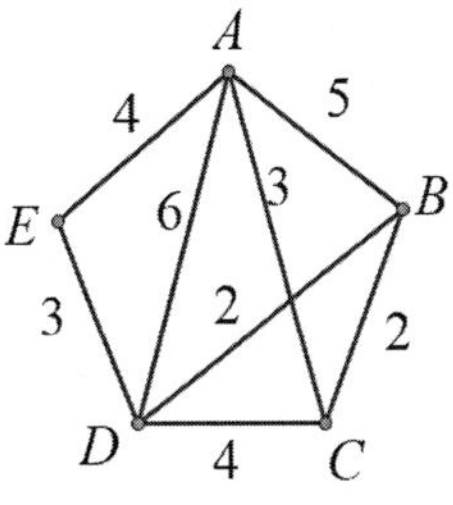

풀이 A에서 출발하여 모든 도시를 지나 A로 돌아오는 해밀턴 회로는 4 가지가 존재한다.

A→C→B→D→E→A　　A→E→D→B→C→A

A→B→C→D→E→A　　A→E→D→C→B→A

하지만 A→C→B→D→E→A는 A→E→D→B→C→A와 방향만 반대이고 비용은 같다. 마찬가지로, A→B→C→D→E→A와 A→E→D→C→B→A의 비용은 같다. A→C→B→D→E→A의 비용은 $3+2+2+3+4=14$로 총 14가 들고, A→B→C→D→E→A의 비용은 $5+2+4+3+4=18$로 총 18이 든다. 그러므로, 도시는 A→C→B→D→E→A순으로 또는 그 반대인 A→E→D→B→C→A로 방문하면 최소 비용 14가 든다.

문제 6. 영수는 살고 있는 도시 A를 출발하여 친척들이 살고 있는 도시 B, C, D를 모두 방문하고 다시 A로 돌아오려고 한다. 도시 A, B, C, D 사이의 교통비가 아래 표와 같을 때, 되도록 교통비를 적게 하려면 위의 도시를 어떤 순서로 방문하면 좋을지 서술하시오(박종안 외, 2016).

	A	B	C	D
A	–	38	18	12
B	38	–	22	10
C	18	22	–	8
D	12	10	8	–

(단위: 천원)

최적화 문제를 해결하는데 주로 사용되는 두 가지 방법이 있다. 이는 최근접선택 알고리즘과 최소변선택 알고리즘이다. 이 두 방법을 살펴보고, 이를 이용하여 최적화 문제를 해결해 보자.

최근접선택 알고리즘(nearest-neighbor algorithm: 한 점에서 출발)

1. 출발점에서 변의 값이 가장 작은 값을 갖는 한 점으로 이동한다.
2. 그 점에서 지나온 변을 제외하고 변의 값이 가장 작은 값을 갖는 다른 점으로 이동한다.
3. 이 방법을 반복하여 모든 점을 거쳐 출발점으로 돌아간다.

예제 5. 예제 4.를 최근접선택 알고리즘을 사용하여 풀어보시오.

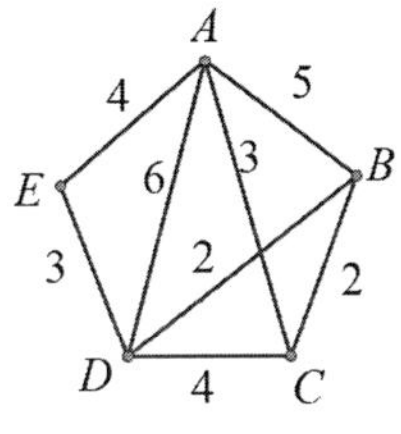

풀이 출발하는 A도시에서 갈 수 있는 4개의 도시 중 가장 교통비가 적게 드는 도시를 선택한다. 그러면 3으로 갈 수 있는 C도시를 선택할 수 있다. 그 다음에 C도시에서 갈 수 있는 3개의 도시 중 출발한 A도시를 빼고 두 도시로 갈 수 있다. 이 때, 교통비가 적게 드는 도시를 선택하면, B도시가 된다. 그 다음 이와 같은 방법을 반복한다. 그렇게 되면, B도시에서 교통비가 2인 D도시로 가고, D도시에서 교통비가 3인 E도시로 간다. 그리고 E도시에서는 남은 도시가 A도시밖에 없으므로, 교통비가 4인 A도시로 간다. 그러면 도시는 A→C→B→D→E→A순으로 가고, 교통비는 3+2+2+3+4=14가 된다. 답은 예제 4.와 같지만 여러 개를 구하지 않고 바로 구할 수 있다는 장점이 있다.

문제 7. 다음은 어느 보험 판매원이 오늘 방문해야할 고객의 명단과 각 고객의 집 사이의 이동거리를 나타낸 표이다. 예를 들어, 회사에서 한OO의 집까지의 거리는 $4km$이고, 김OO의 집에서 이OO의 집까지의 거리는 $2km$이다. 회사에서 출발하여 모든 고객의 집을 방문한 후 다시 회사로 돌아올 때, 최단 거리를 구하여라(정상권 외, 2010).

구분	회사	김OO	이OO	박OO	최OO	한OO
회사	–	2	4	5	4	4
김OO	2	–	2	6	6	6
이OO	4	2	–	3	4	6
박OO	5	6	3	–	3	7
최OO	4	6	4	3	–	4
한OO	4	6	6	7	4	–

(단위: km)

최소변선택 알고리즘(sorted-edge algorithm: 최소 변에서 출발)

1. 완전그래프에서 가장 작은 값의 변을 선택한다.
2. 선택한 변을 제외하고 그 다음으로 가장 작은 값의 변을 임의로 선택한다. 여기서, 먼저 선택된 변과 합쳐서 회로를 이룰 수 있는 변을 선택한다.
3. 이 방법을 반복하여 모든 점을 한 번씩만 통과하는 해밀턴 회로가 되도록 한다.

예제 5. 예제 4.를 최소변선택 알고리즘을 사용하여 풀어보시오.

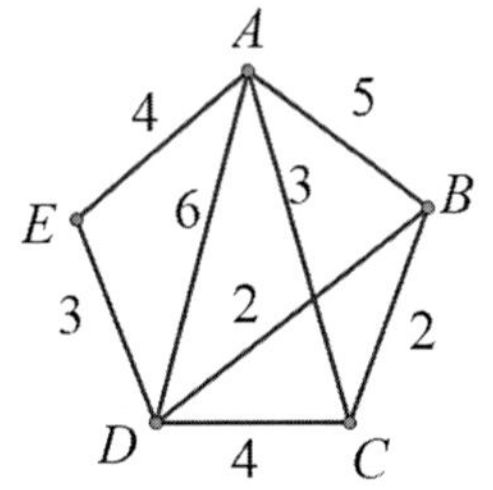

풀이 그래프에서 최소 비용을 가지는 변을 선택한다. 여기에서는 교통비가 2가 드는 B와 C사이의 변과 B와 D사이의 변을 선택한다. 그 다음 이 두 변이 회로가 될 가능성이 있는지 판단한다. B로 이어져있으니 가능성이 있으므로, 이 두 변을 택한다. 그 다음으로 값이 적은 3인 두 변을 선택한다. A와 C사이의 변과 D와 E사이의 변을 택한다. 그 다음에 이전의 두 변과 이 두 변을 이어서 회로가 될 가능성이 있는지 살펴본다. 여기에서는 도시가 겹치지 않고 다 이어지니 가능성이 있다. 그러면 이 경로를 이을 A와 E사이의 변만 택하면 된다. 그러면 A→C→B→D→E→A 나 A→E→D→B→C→A로 도시를 방문하면 된다. 그리고 교통비 역시 최소인 14가 나온다.

문제 8. 문제 6.을 최소변선택 알고리즘을 이용하여 회사에서 고객들의 집을 거쳐 다시 회사로 들어오는 최단 거리를 구하시오.

구분	회사	김OO	이OO	박OO	최OO	한OO
회사	–	2	4	5	4	4
김OO	2	–	2	6	6	6
이OO	4	2	–	3	4	6
박OO	5	6	3	–	3	7
최OO	4	6	4	3	–	4
한OO	4	6	6	7	4	–

(단위: km)

문제 9. 다음 표는 갑이 오늘 방문할 장소와 거리를 나타낸 것이다. 다음 방법을 이용하여 갑이 A에서 출발하여 B, C, D, E를 모두 방문하고 다시 A로 돌아올 때까지 갑이 걸은 총 거리를 구하여라(박종안 외, 2016).

	A	B	C	D	E
A	–	50	14	12	10
B	50	–	11	10	14
C	14	11	–	9	12
D	12	10	9	–	11
E	10	14	12	11	–

(단위 : 100m)

(1) 최근접선택 알고리즘을 이용하여 구하시오.

(2) 최소변선택 알고리즘을 이용하여 구하시오.

문제 10. K시의 D과정은 지역홍보 영화제를 준비하고 있다. 이러한 사업에 필요한 모든 개별 업무를 다음과 같은 네트워크로 표현하였다. 그래프에서 화살표는 단위업무(활동) 방향을 나타내면 화살표 위의 알파벳은 단위업무의 명칭이고, 숫자는 소요외는 기간(단위: 주)를 나타낸다. 각각의 단위업무는 직전의 선행업무가 모두 종료되기 전까지는 시작할 수 없다. 이에 대한 설명으로 옳지 않은 것은(SD적정검사연구소, 2010)?

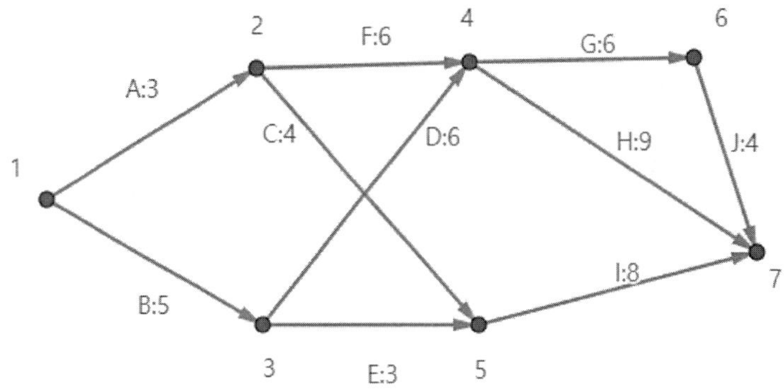

① 단위작업 D를 1주일 줄이면 전체 프로젝트 기간이 1주일 줄어든다.

② 이 프로젝트를 완료하는데 드는 최소 기간은 21주이다.

③ 만일 사업을 일찍 끝내야 한다면 활동 B, D, G, J 중에서 단축비용이 가장 적게 드는 것을 선택해서 줄여야 한다.

④ 이 프로젝트를 완료하는데 아무리 적어도 16주가 소요된다.

문제 11. 다음은 5개 도시를 대상으로 화물을 운송하는 회사에서 조사한 도시간 이동시간에 관한 자료이다. 보기에서 계산한 이동시간이 바르게 짝지어진 것은(취업적성연구소, 2019)?

		도착도시				
		A	B	C	D	E
출발도시	A	—	1.5	0.5	—	—
	B	—	—	—	1.0	2.5
	C	0.5	1.0	—	—	—
	D	1.0	—	—	—	0.5
	E	—	—	0.5	0.5	—

1) 화물을 싣고 내리기 위해 각 도시에서 정차하는 시간은 고려하지 않음
2) '—' 표시가 있는 구간은 이동 불가능함.

㉠ E시의 화물을 A시로 운송한 후 B시로 가서 화물을 실어 D시로 운송하는데 걸리는 가장 짧은 이동시간
㉡ B시에서 출발하여 모든 도시를 한 번씩 거쳐 다시 B시로 돌아오는데 걸리는 가장 짧은 시간

	㉠	㉡
①	3.5	4
②	1.5	3
③	2	3
④	3	4

3. 연결그래프

정의 3. 그래프 G에서 두 꼭짓점 u, v사이에 경로가 있을 때, u, v는 연결되어 있다(connected)고 한다. 또 임의의 두 꼭짓점이 연결되어있는 그래프를 연결그래프(Connected graph)라고 한다. 만일 그래프 G가 연결그래프가 아니라면 몇 개의 연결그래프로 이루어져 있으며, 이런 각각의 연결그래프를 그래프 G의 연결성분(connected component)이라고 한다.

예제 7.

(1)

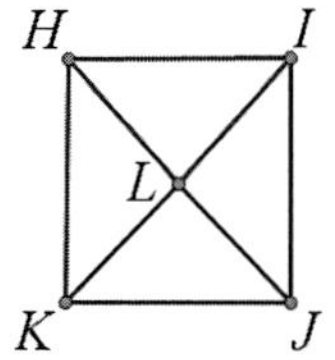

(2)

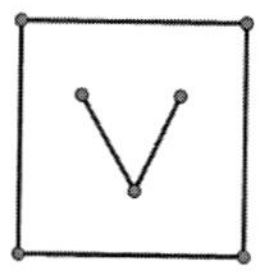

풀이 그래프 (1)은 임의의 두 꼭짓점을 택해도 모두 연결되어있으므로, 연결그래프이다. 그래프 (2)는 외부와 내부로 나누어져있고, 내부의 점과 외부의 점은 연결되지 않으므로 연결그래프가 아니다. 그리고 이 때 그래프 (2)는 2개의 연결 성분으로 이루어져 있다.

문제 12. 다음 그래프가 연결그래프인지 판별하시오.

(1)

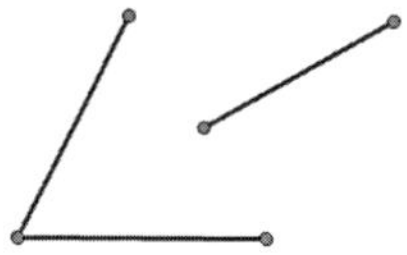

(2)

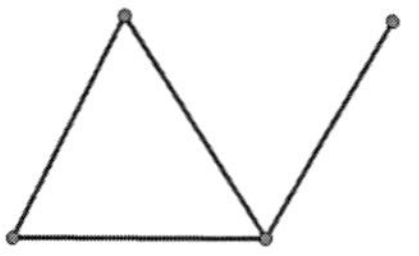

CHAPTER

04 수형도

1. 부분그래프

> **정의 1.** 그래프 G의 꼭지점과 변의 일부 또는 전부로 이루어진 그래프 G'를 G의 부분그래프(subgraph)라고 한다.

예 1.

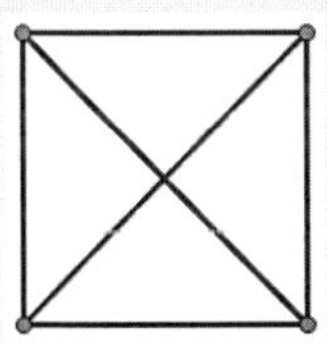

주어진 그래프가 위와 같다면 다음과 같은 그래프가 부분그래프가 된다.

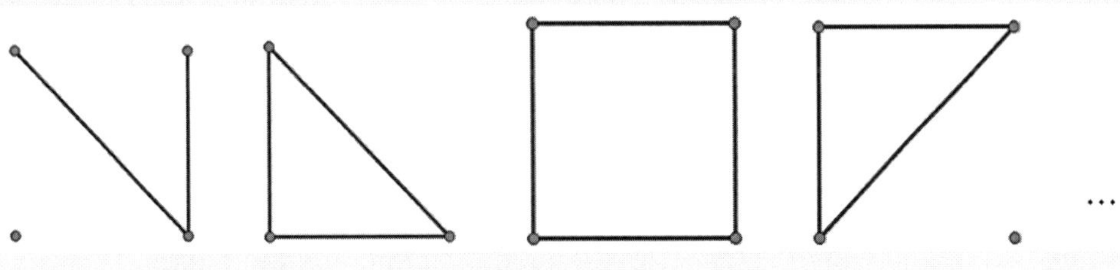

문제 1. 다음 그래프의 부분그래프를 그리시오.

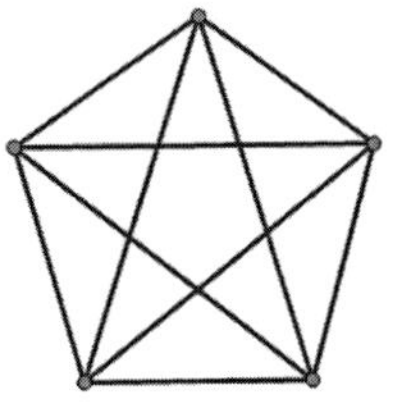

2. 수형도

이전에 1장에서 설명한 것처럼 우리 주변에서 수형도(tree)를 사용하고 있는 곳은 많다. 하지만, 우리가 수형도에 대해서 잘 알고 있지 못하기 때문에, 우리 주변에서 사용하고 있어도 잘 인식하지 못하는 것이다. 다음은 우리가 자주 스포츠 경기에서 일정을 소개할 때 등장하는 대진표를 나타내는 그림이다. 이러한 그림이 그래프이자, 그래프의 한 종류인 수형도이다.

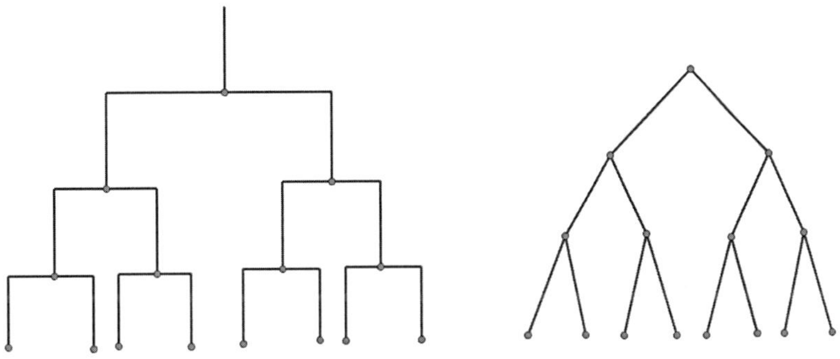

비슷한 형태로, 다음 [그림 9]는 동물의 분류를 그림으로 나타낸 수형도이다. 원생동물(단세포 생물)에서 시작해서 절지동물, 파충류, 조류, 포유류에 이르기까지의 변화를 종별로 분류하여 나타내었다. 뿐만 아니라, 우리가 가계도라고 부르는 것도 이와 같은 형태, 즉, 수형도로 나타낼 수 있다. 이렇게 나무의 형태로 되어있는 것은 모두 수형도이다. 수형도가 영어로 tree이니 일반적인 나무형태라고 생각해도 무방할 것이다.

이러한 일상적인 형태뿐만 아니라 전문적인 과학분야에서도 수형도를 많이 사용하고 있다. 특히, 과학에서 화합물을 나타낼 때, 그 구성이 어떠한지 나타내는 용도로 많이 사용된다. 그 다음 그림은 포화 탄화수소 중 C_3H_8과 C_4H_{10}을 수형도로 나타낸 것이다. 이러한 형태도 수형도의 한 종류이다. 그리는 방법은 이후에 문제를 통해서 살펴볼 수 있을 것이다. 이와 같이 수형도는 다양한 영역에서 다양한 방법으로 사용되고 있다. 이제 수형도를 세부적으로 살펴보자.

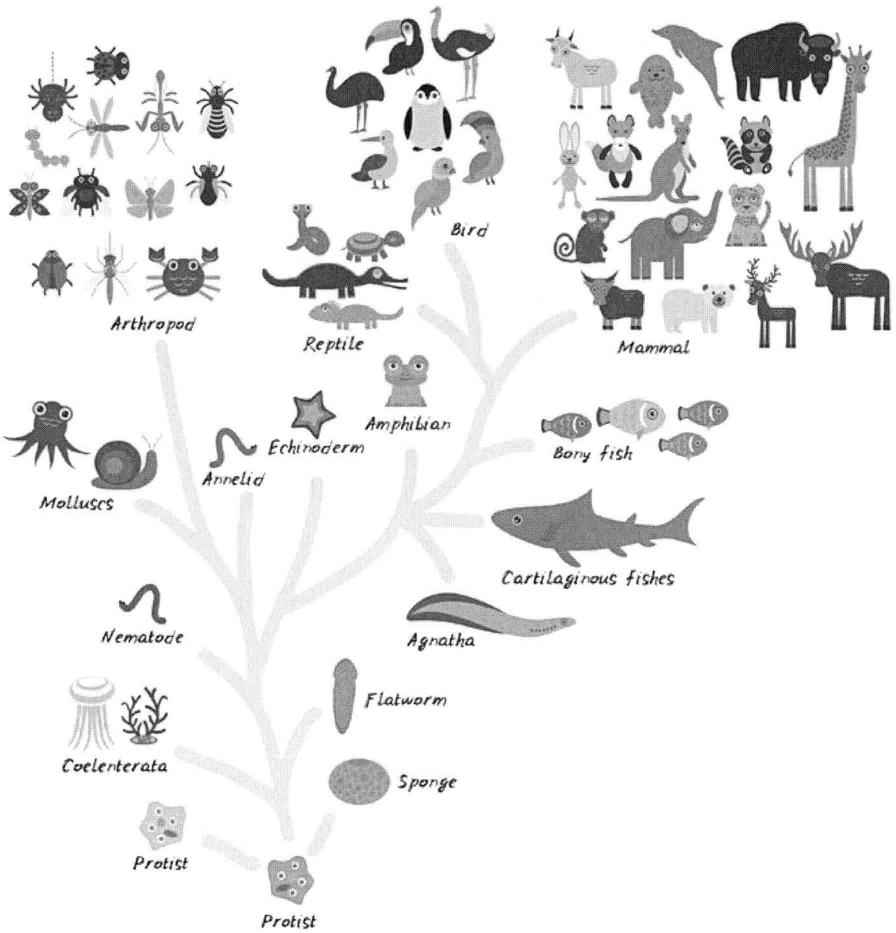

[그림 9] 동물의 분류9)

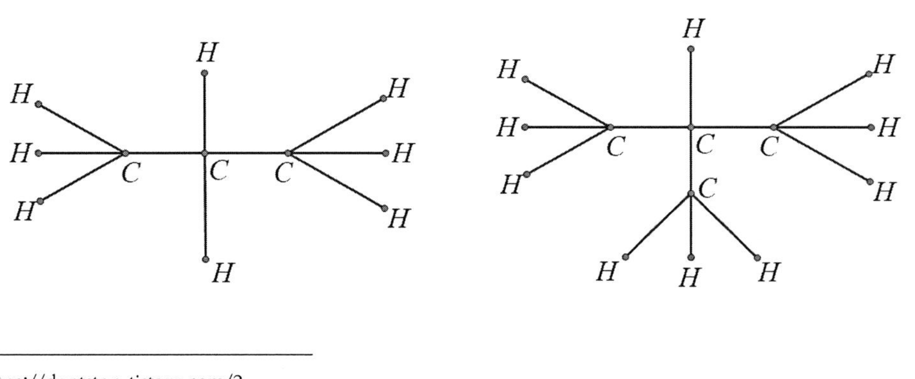

9) https://dontstop.tistory.com/2

정의 2.	회로를 갖지 않는 연결그래프를 수형도(tree)라고 한다.

예 2.

①

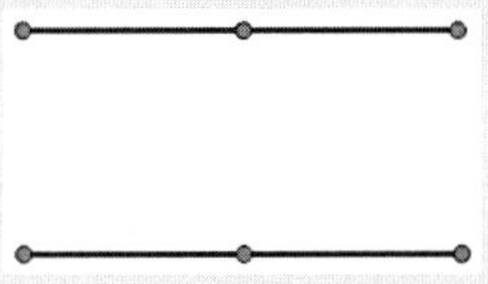

②

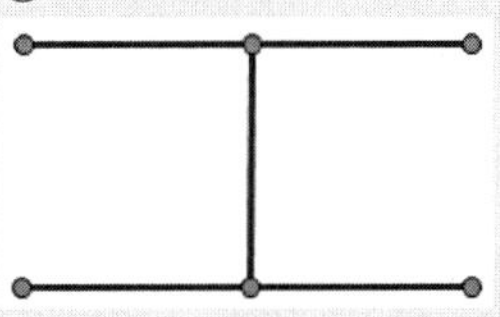

③

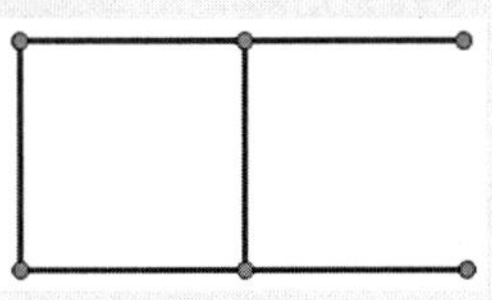

③

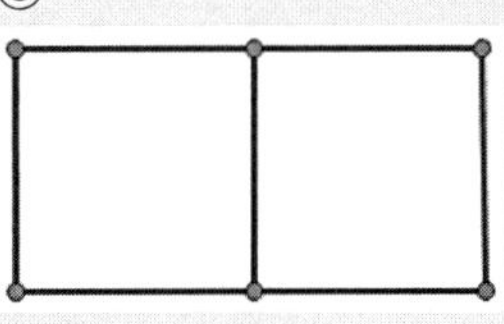

위의 그래프에서 그래프①은 연결되지 않아서 수형도가 아니다. 그래프②는 연결되어있고, 회로가 없으므로 수형도이다. 그래프③은 왼쪽에 회로가 형성되어 있으므로 수형도가 아니다. 그래프④는 왼쪽, 오른쪽, 전체적으로 회로가 형성되어 있으므로 수형도가 아니다.

문제 2. 다음 그래프가 수형도인지 아닌지를 판별하시오.

①

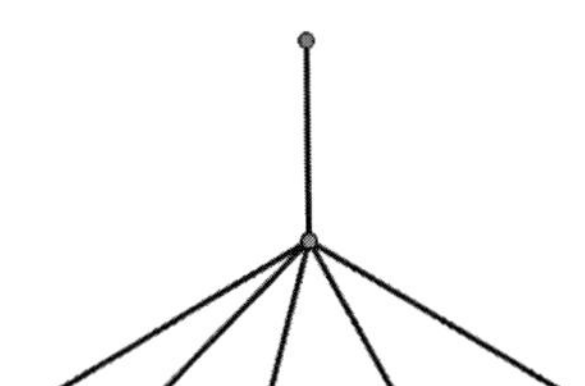

②

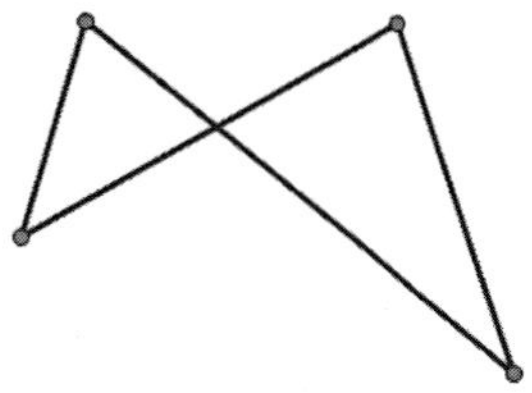

③

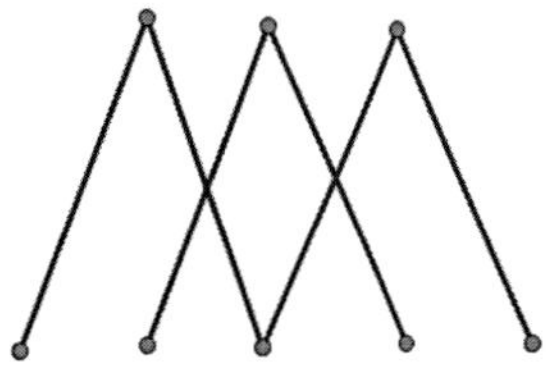

문제 3. 6개의 꼭짓점을 가지며 동형이 아닌 수형도를 모두 찾으시오(박동안 외, 2016).

정리 1. 수형도 G에서 꼭지점의 수를 v, 변의 수를 e라고 하면 다음 식이 성립한다.

$$v - e = 1$$

예 3. 이 그래프는 꼭짓점은 7개, 변은 6개임을 알 수 있다. 이 때, 꼭짓점 개수에 변의 개수를 빼면 1이 되는 것을 알 수 있다.

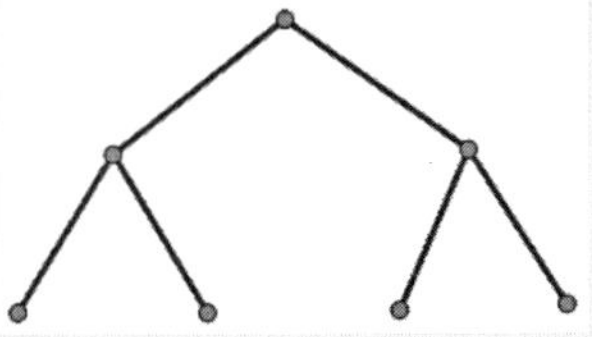

문제 4. 다음 물음에 답하시오(강원대학교 국정도서 편찬위원회, 2003).

(1) 오른쪽 그래프에서 변을 지워 수형도를 만들려고 한다. 몇 개의 변을 지워야 하는가?

(2) v개의 꼭짓점과 e개의 변을 갖는 연결된 그래프로부터 수형도를 만들려면 몇 개의 변을 지워야 하는가?(단, $e \geq v$)

예 4. 화합물인 포화 탄화수소는 C_kH_{2k+2}인 형태의 분자식을 갖는다. 수소의 원자가는 1이고 탄소의 원자가가 4라면 화합물 안에서 결합되어 있는 원소들을 아래와 같은 그림으로 나타낼 수 있다. 이 그림은 CH_4를 분자식으로 갖는 메탄이다. 이 그림을 그래프로 나타내면 오른쪽 수형도와 같다.

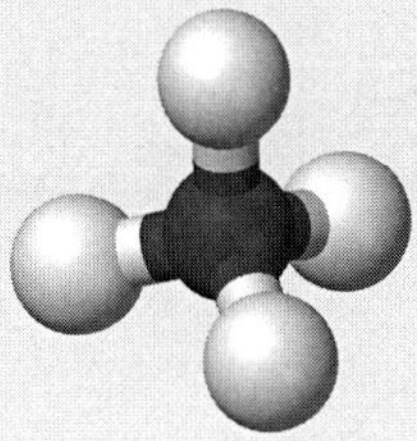
10)

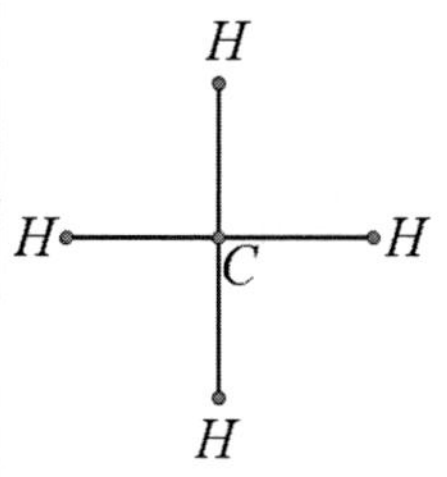

문제 5.

(1) 분자식이 C_2H_6인 포화 탄화수소를 나타내는 그래프를 그리시오.

(2) 분자식이 C_3H_8인 포화 탄화수소를 나타내는 그래프를 그리시오.

10) https://ko.wikipedia.org/wiki/%EB%A9%94%ED%85%8C%EC%9D%B8

문제 6. 어떤 포화 탄화수소를 나타내는 그래프 중 탄소를 나타내는 꼭짓점으로만 이루어진 그래프를 그려 보았더니 다음과 같았다. 수소를 나타내는 꼭짓점을 그려 이 그래프를 완성하고, 그 때의 포화 탄화수소의 분자식을 구하시오(강원대학교 국정 도서 편찬위원회, 2003).

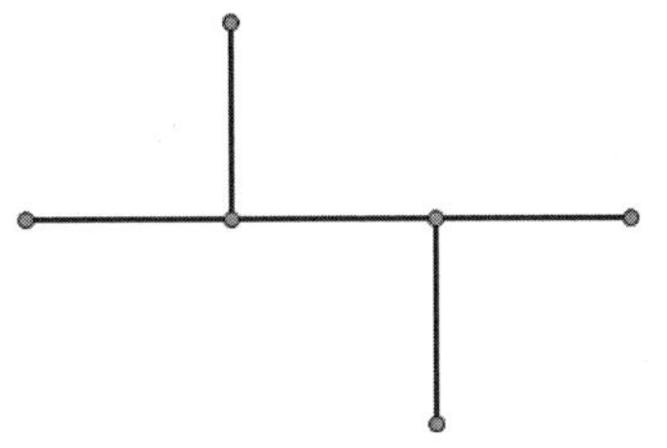

3. 생성수형도

정의 3. 그래프 G에서 G의 모든 꼭짓점과 G의 변의 일부를 이용하여 만든 수형도를 생성수형도(spanning tree)라고 한다.

예 5. 다음 그래프에서 그래프(2)와 그래프(3)은 그래프(1)의 생성수형도가 된다. 하지만 그래프(4)는 가운데 꼭짓점이 사라졌기 때문에 생성수형도가 아니다. 즉, 생성수형도가 되려면 모든 꼭짓점은 살아있어야 한다.

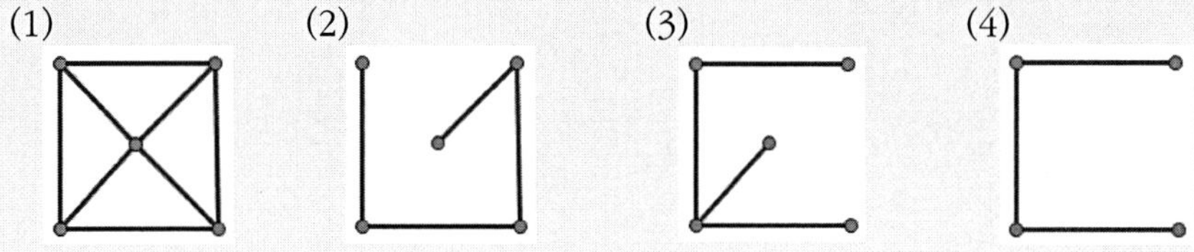

예 6. 아래와 같이 그래프가 주어졌을 때, 수형도(생성수형도)를 만드는 방법을 살펴보자(강원대학교 국정 도서 편찬위원회, 2003, 참고).

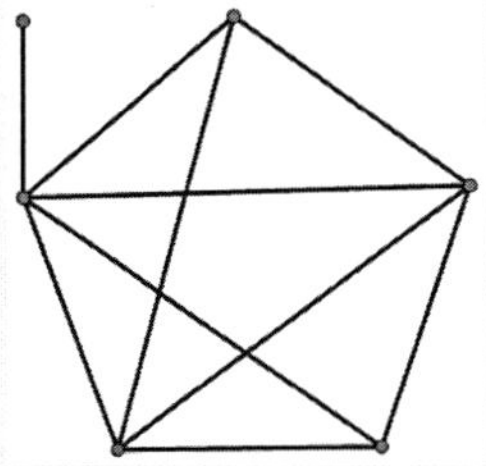

(1) 위의 그래프에서 다음과 같이 변을 차례로 삭제하여 보자.

① 회로가 있으면 그 회로의 임의의 한 변을 삭제한다.

② 회로가 없을 때까지 ①의 과정을 반복한다.

(2) (1)과 같은 방법으로 그려진 수형도는 다음과 같다.

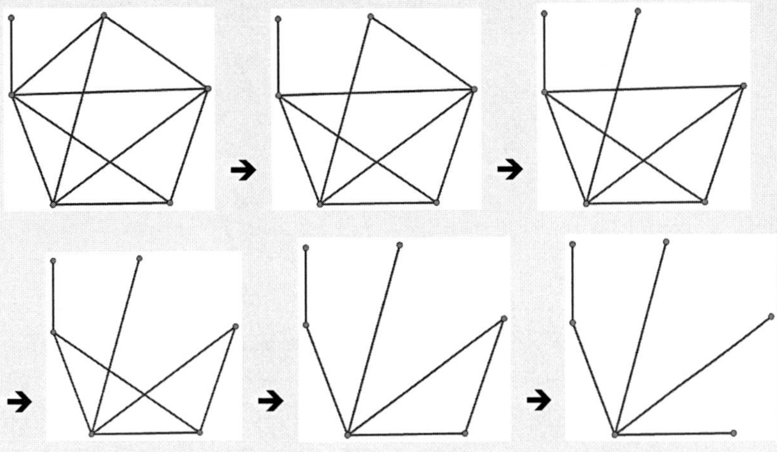

이 외에도 이 방법을 써서 다른 생성수형도를 만들 수 있다.

문제 7. 다음 그래프의 생성수형도를 그리시오.

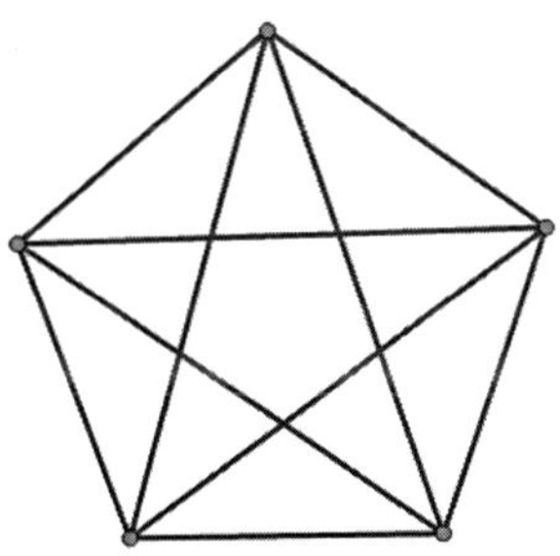

문제 8. 다음 그래프의 생성수형도를 그리시오(강원대학교 국정 도서 편찬위원회, 2003).

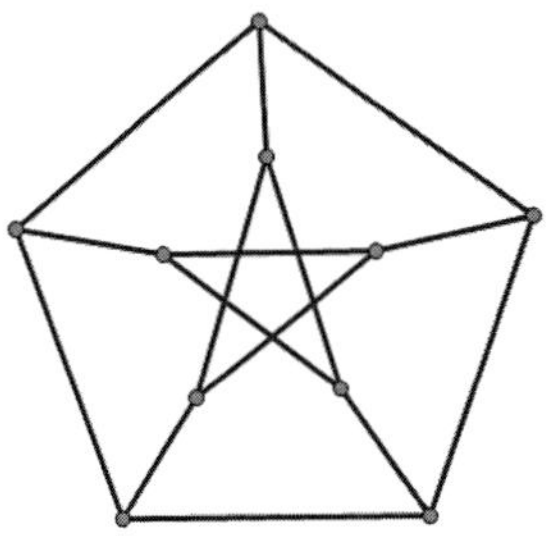

문제 9. 다음 그래프의 생성수형도를 그리시오.

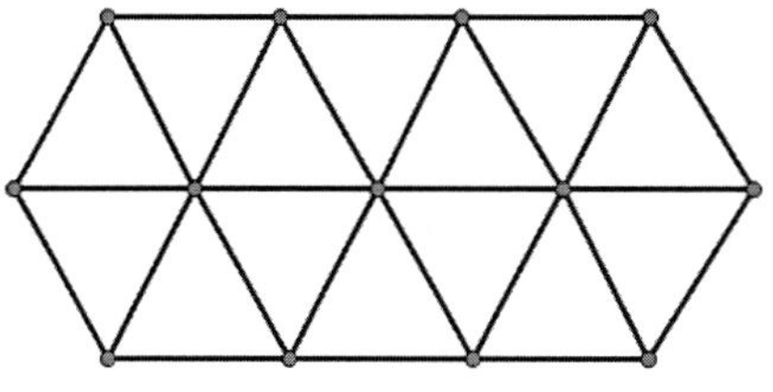

예제 1. 다음 그래프의 서로 다른 생성수형도의 개수를 모두 구하여라.

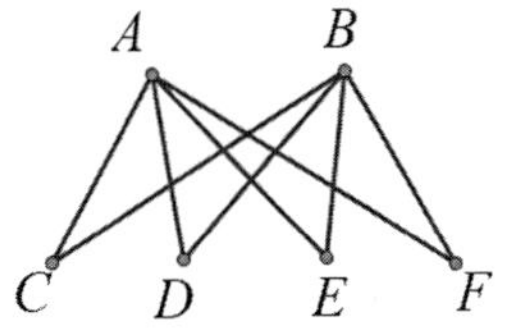

풀이 위 그래프의 생성수형도는 반드시 A와 B가 C, D, E, F 중 한 점과 만나야 한다. 그리고 만난 점을 제외한 세 점은 A나 B와 연결되면 된다. 그러므로

$$4 \times 2^3 = 32$$

가 된다. 그러므로, 생성수형도는 32개가 존재한다.

문제 10. 다음 그래프의 서로 다른 생성수형도의 총 개수를 구하여라.

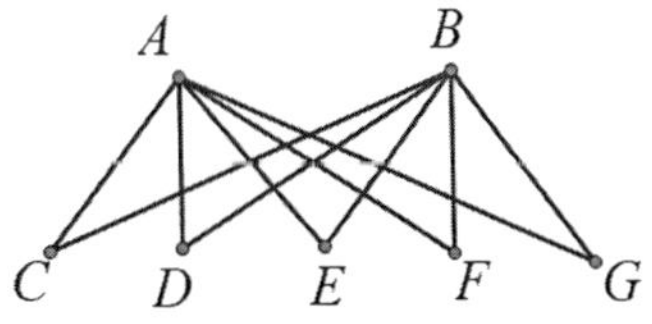

문제 11. 다음 그래프의 서로 다른 생성수형도의 총 개수를 구하여라.

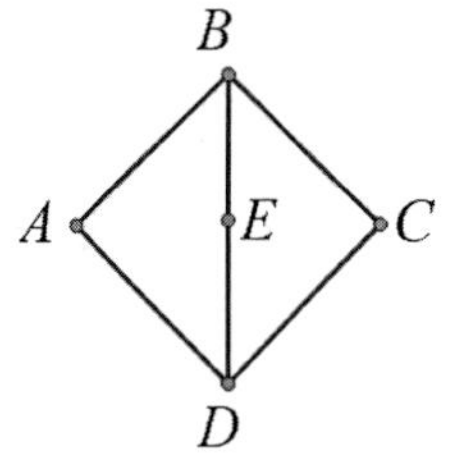

연결그래프에서 생성수형도를 찾는 방법이자 주어진 그래프에서 모든 꼭짓점을 탐색하는 방법이라고도 한다. 여기에는 깊이우선탐색 방법과 너비우선탐색 방법 두 가지가 있다. 이들을 자세히 살펴보자.

깊이우선탐색(depth-first search) 방법

① 그래프에서 한 꼭짓점을 잡아 현재 꼭짓점으로 둔다.

② 현재 꼭짓점에서 인접한 꼭짓점 중에서

- 아직 선택되지 않은 꼭짓점이 있으면 그 중 한 꼭짓점과 그 두 꼭짓점을 잇는 변을 선택하고, 새로 선택된 꼭짓점을 현재 꼭짓점으로 한다.
- 모든 꼭짓점이 이미 선택되었다면 현재 꼭짓점 바로 전에 선택된 꼭짓점으로 되돌아가서 그 꼭짓점을 현재 꼭짓점으로 한다.

③ 더 이상 선택할 꼭짓점이 없으면 과정을 끝내고 그렇지 않으면 위 ②의 과정을 반복한다.

너비우선탐색(width-first search) 방법

① 그래프에서 한 꼭짓점을 잡는다.

② 위 ①의 꼭짓점에 인접한 모든 꼭짓점과 그 두 꼭짓점을 잇는 변을 선택한다.

③ 차례차례로 위 ②에서 선택한 꼭짓점에 인접한 꼭짓점 중 아직 사용하지 않은 모든 꼭짓점과 그 변을 선택한다.

④ 사용하지 않은 꼭짓점이 없을 때까지 ③의 과정을 반복한다.

예 7. 원래는 연결그래프에서 생성수형도를 찾아야하지만, 먼저 방법을 익히기 위해 다음과 같은 수형도에서 앞의 방법을 살펴보자.

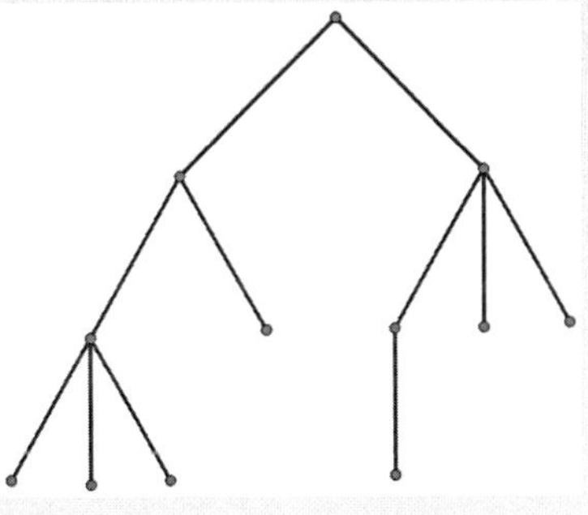

(1) 깊이우선탐색 방법으로 생성수형도를 만든다고 하면 다음과 같은 순서로 수형도를 그린다.

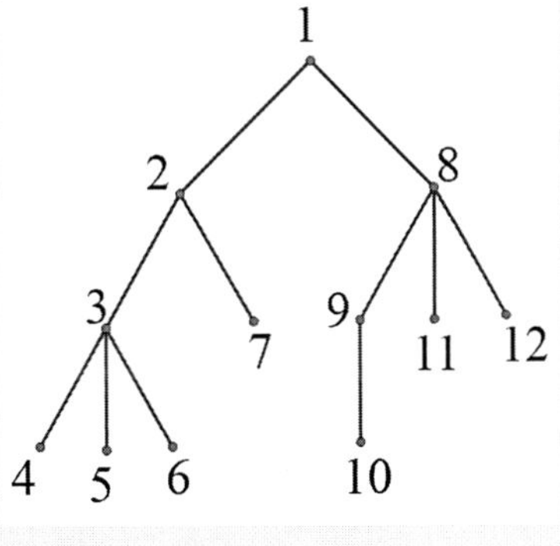

(2) 너비우선탐색 방법으로 생성수형도를 만든다고 하면 다음과 같은 순서로 수형도를 그린다.

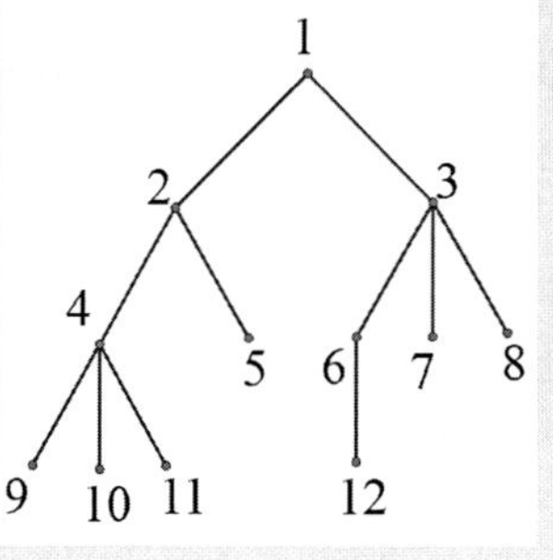

문제 12. 다음 수형도에서 앞의 두 가지 꼭짓점을 탐색하는 방법을 각각 사용하여 나타내시오.

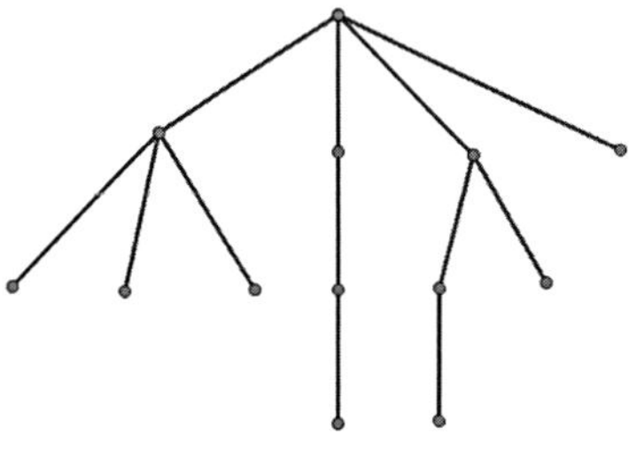

예 8. 연결그래프에서 생성수형도를 찾는 방법으로 깊이우선탐색 방법과 너비우선탐색 방법을 사용하여 보자. 다음과 같은 그래프가 주어졌을 때, 시작점을 a로 택한 생성수형도를 찾아보자(Wilson & Watkins, 1990).

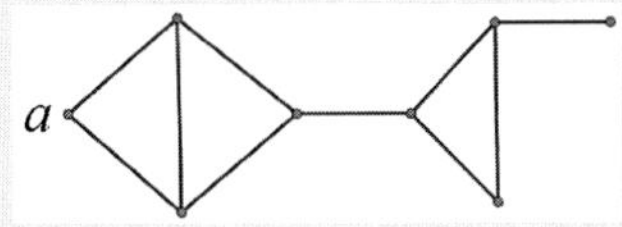

풀이 1) 깊이우선탐색 방법으로 찾은 순서는 다음과 같다.

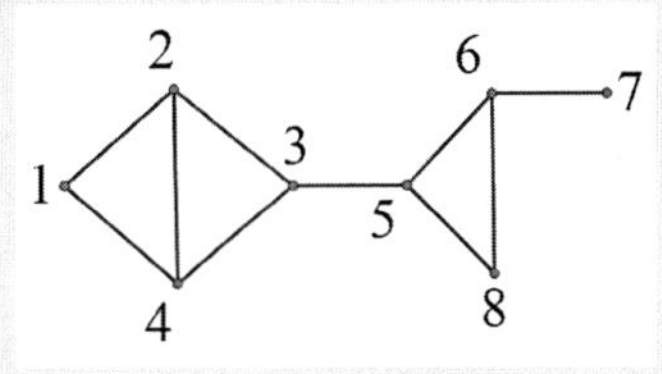

이를 생성수형도로 나타내면 다음과 같다.

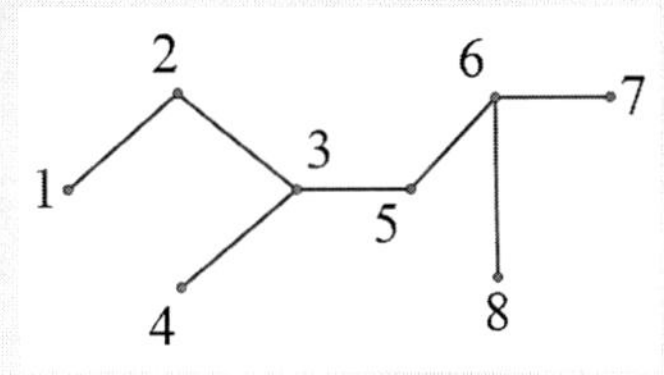

즉, 다음 그래프와 같다.

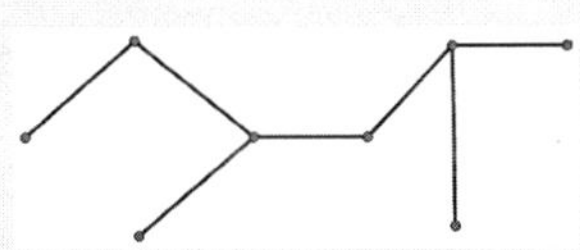

2) 너비우선탐색 방법으로 찾은 순서는 다음과 같다.

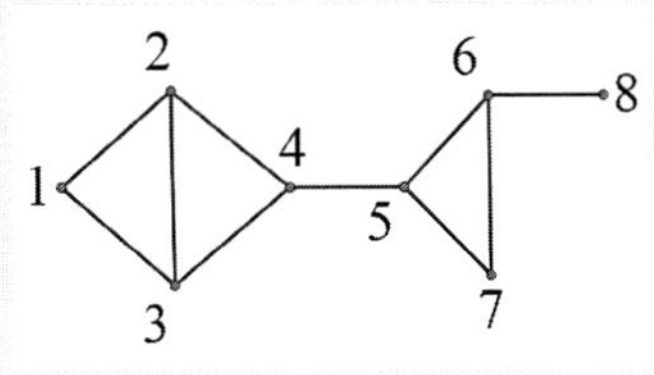

이를 생성수형도로 나타내면 다음과 같다.

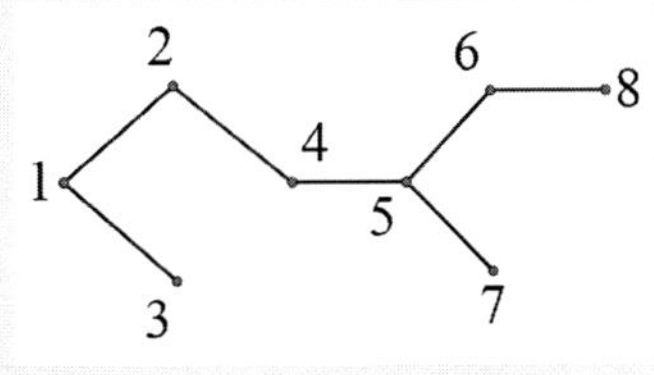

즉, 다음 그래프와 같다.

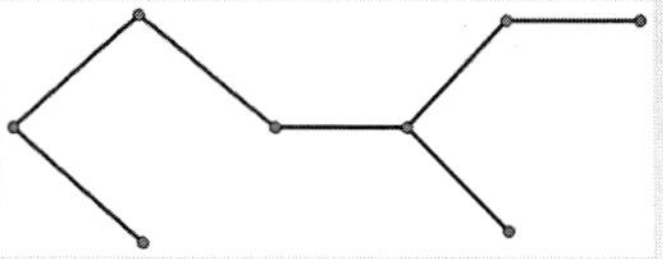

문제 13. 다음 그래프에서 시작점을 a로 택하고 깊이우선탐색 방법과 너비우선탐색 방법을 적용하여 생성수형도를 구하시오(Wilson & Watkins, 1990).

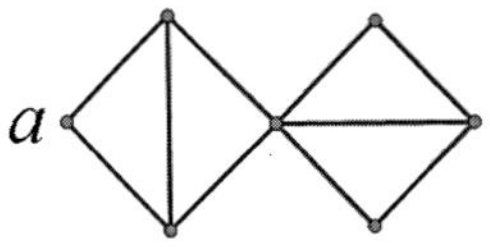

문제 14. 다음 그래프에서 시작점을 a로 택하고 깊이우선탐색 방법과 너비우선탐색 방법을 각각 적용하여 생성수형도를 구하시오(강원대학교 국정도서 편찬위원회, 2003).

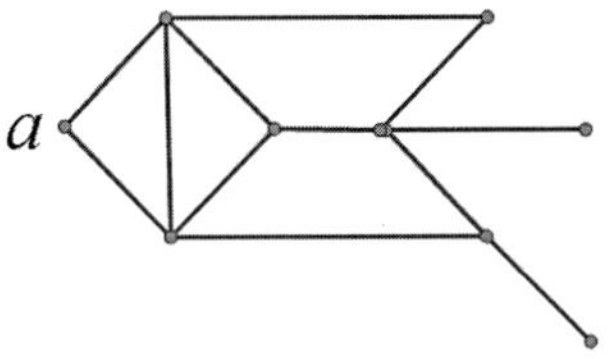

예제 2. 다음 그래프에서 시작점을 A로 택하고 깊이우선탐색 방법과 너비우선탐색 방법을 각각 적용하여 생성수형도를 구하시오(박종안 외, 2016, 참고).

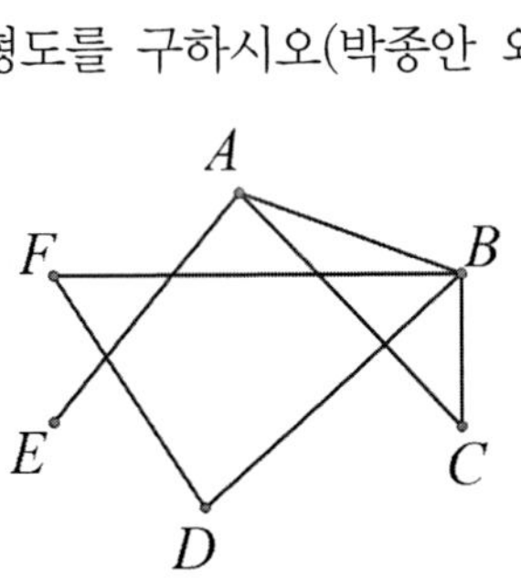

풀이 1) 깊이우선탐색 방법

- A에서 인접한 한 B로 간다.
- B에서 C로 간다. C에서는 A로 가는 방법밖에 없다. A로 가면 회로가 되므로 더 이상 갈 곳이 없다. 그래서 다시 B에서 출발한다.
- B에서 가지 않은 D와 F 중 D로 간다.
- D에서 가지 않은 F로 간다. F에서는 B로 가는 방법밖에 없다. B로 가면 회로가 되므로, 더 이상 갈 곳이 없다. 그래서 다시 B로 돌아가면 더 이상 갈 곳이 없으므로 다시 A로 돌아간다.
- A에서 가지 않은 E로 간다.
- 더 이상 가지 않은 점이 없으므로 생성수형도가 완성된다.

(1)

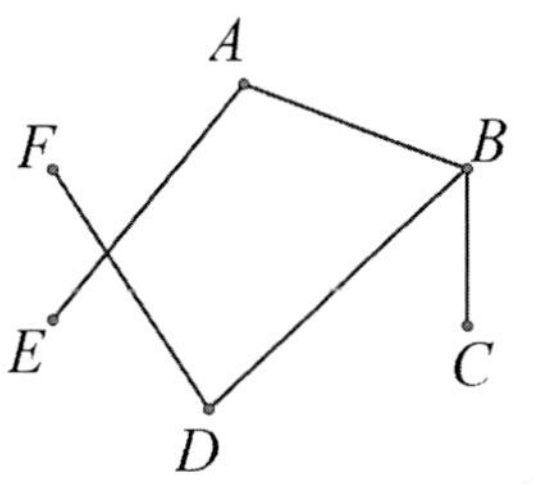

(2)

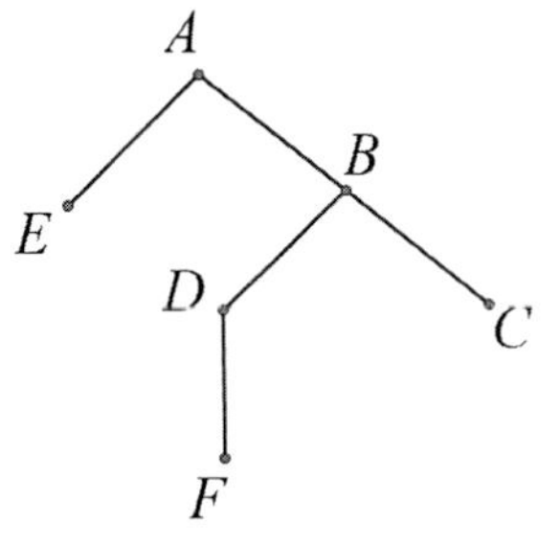

(3)

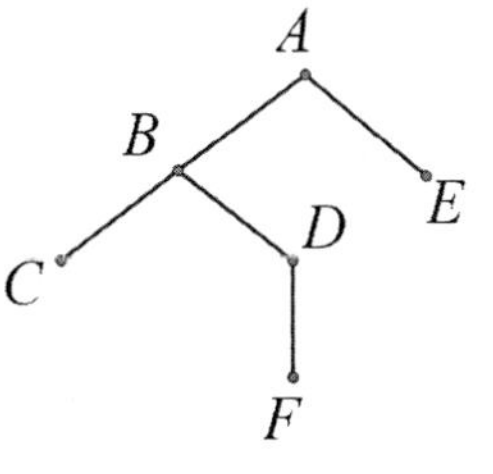

결과로 나타나는 그래프는 그래프(1)인데, 이는 수형도의 형태로 바꾸면 그래프(2)나 그래프(3)처럼 나타낼 수 있다.

2) 너비우선탐색 방법

- A와 인접한 B, C, E로 간다. A와 인접한 곳은 다 갔으므로, B로 간다.
- B에서 아직 연결되지 않은 점 D와 F로 간다. B에서 인접한 곳은 다 갔고 더 이상 남은 점이 없으므로 생성수형도가 완성된다.

(1)

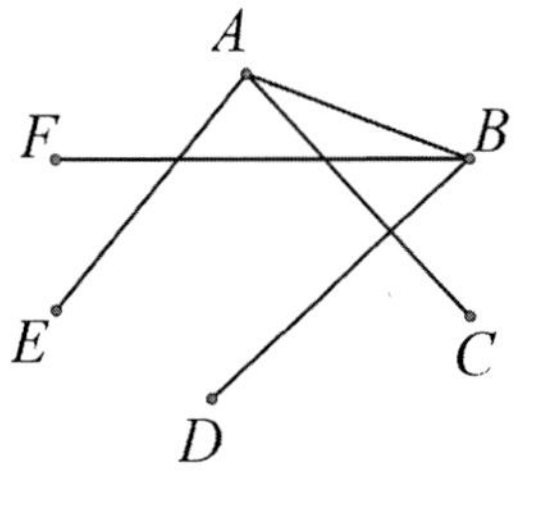

(2)

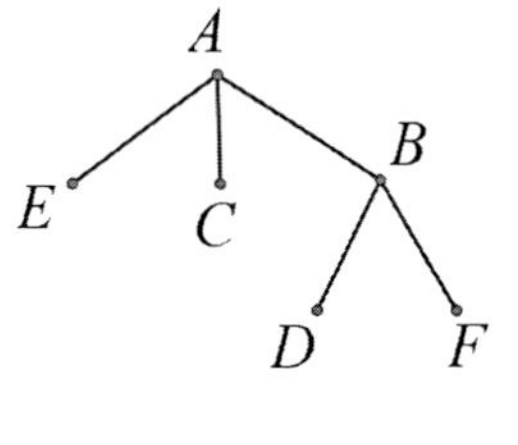

(3)

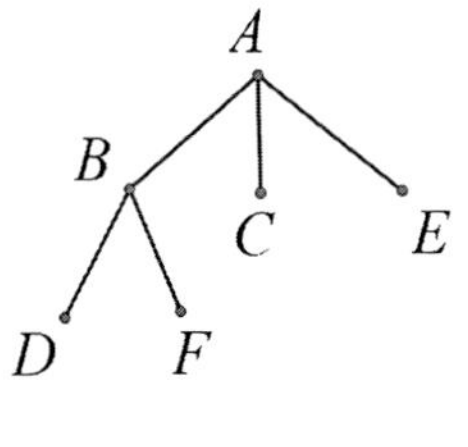

결과로 나타나는 그래프는 그래프(1)인데, 이는 수형도의 형태로 바꾸면 그래프(2)나 그래프(3)처럼 나타낼 수 있다.

문제 15. 다음 그래프의 생성수형도를 깊이우선탐색 방법과 너비우선탐색 방법을 각각 이용하여 구하여라(박종안 외, 2016). (단, 꼭짓점 A에서 시작한다.)

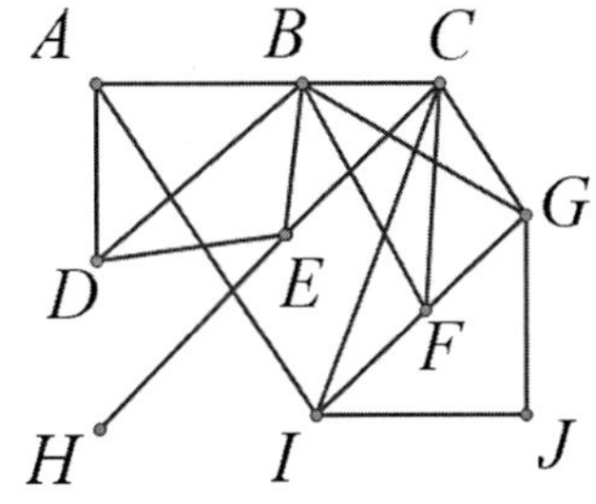

문제 16. 깊이우선탐색 방법과 너비우선탐색 방법을 각각 이용하여 다음 그래프의 생성수형도를 구하시오(박종안 외, 2016).(단, 꼭짓점 A에서 시작한다.)

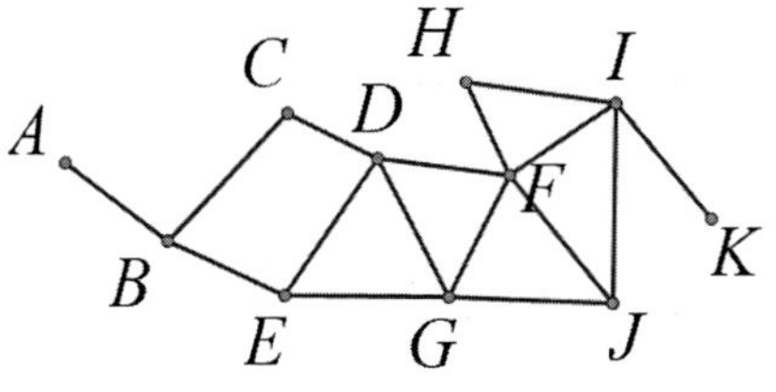

예제 3. 농촌의 다섯 주택 A, B, C, D, E에 수돗물 공급을 위하여 배관 작업을 하려고 한다. 각 주택 사이의 거리에 따른 배관작업 비용이 다음 표와 같을 때, 각 주택에 수돗물이 공급되도록 최소의 비용으로 배관 작업을 하려면 어떻게 연결해야 할까(박종안 외, 2016, 참고)?

	A	B	C	D	E
A	×	2	4	3	2
B	2	×	3	1	3
C	4	3	×	2	3
D	3	1	2	×	5
E	2	3	3	5	×

단위 : 10만원

풀이 최소의 비용으로 모든 주택에 수돗물을 공급하기 위해서는 모든 주택이 수도관으로 서로 연결되어야 하며, 이렇게 연결된 수도관에는 회로가 없어야 한다. 이제 주택 A, B, C, D, E를 꼭짓점으로 하는 완전그래프 G의 변 위에 그 변에 해당하는 배관 작업에 필요한 비용을 나타내면 다음 그림과 같고 주어진 문제는 이 그래프에서 변의 값의 합이 최소인 생성수형도를 찾는 문제와 같다.

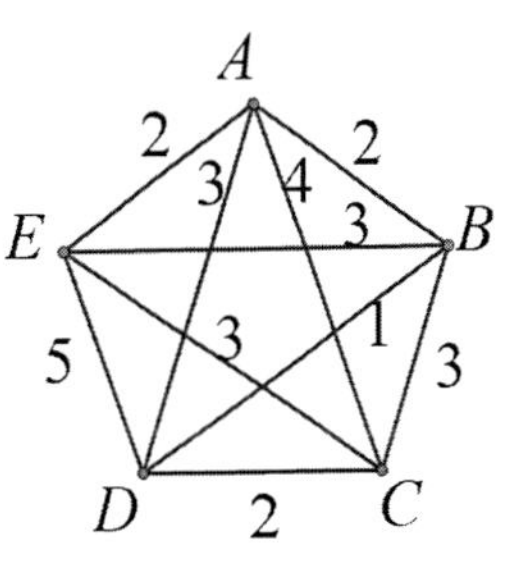

변의 값이 최소가 되는 생성수형도를 찾는 방법에는 두 가지가 있다. 이는 그리디 알고리즘(Greedy algorithm)과 크루스컬 알고리즘(Kruskal' s algorithm)이 있다.

방법 1. 그리디 알고리즘

① 그래프에서 변을 제거하여도 남은 그래프가 여전히 연결그래프인 변 중 가장 큰 값을 갖는 변을 제거한다. 단, 같은 값을 갖는 변이 있으면 그 중 임의로 한 변을 제거한다.

② 남은 그래프가 G의 생성수형도인지를 살펴본다.

1) 생성수형도가 아니면 ①로 되돌아간다.

2) 생성수형도이면 이 과정을 끝낸다.

이 방법으로 단계적으로 제거한 그래프를 나타내면 다음과 같다.

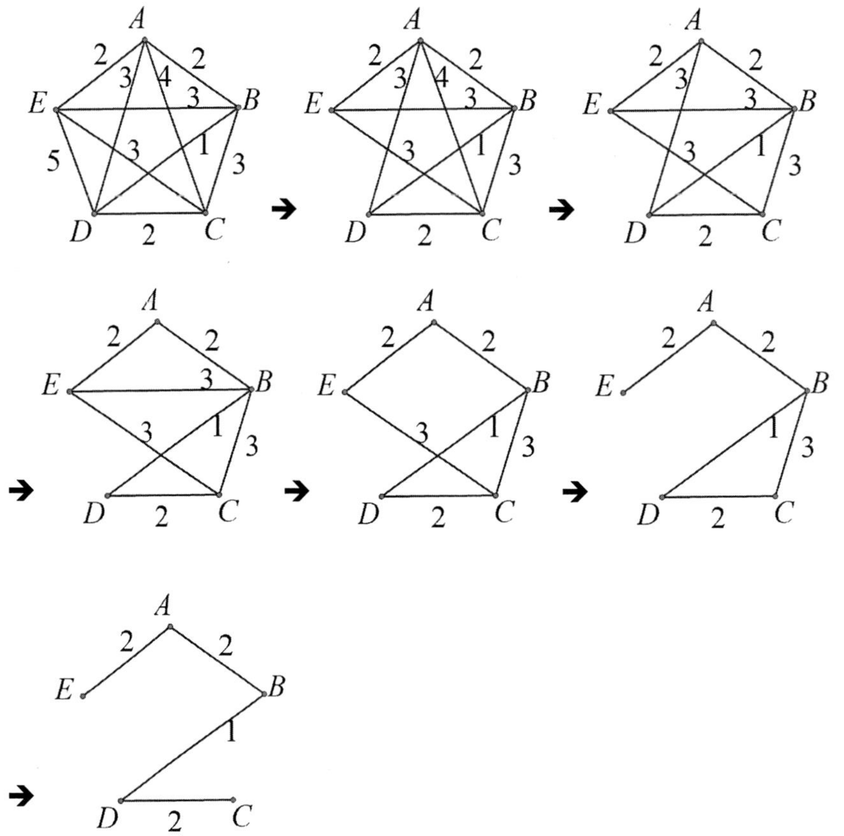

결과적으로, 위와 같은 생성수형도를 얻게 된다. 그러므로,

E → A → B → D → C

의 경로에 따라 배관을 하고, 이 때 필요한 경비는

$$2+2+1+2=7$$

70만원이 된다.

방법 2. 크루스컬 알고리즘

① 가장 작은 값을 갖는 변을 선택한다. 단, 같은 값을 갖는 변이 있으면 그 중 임의로 한 변을 선택한다.

② 나머지 변 중에서 이미 선택된 부분그래프와 회로를 이루지 않으면서 변의 값이 최소인 변을 선택한다.

③ 이미 선택된 변으로 만들어진 그래프가 G의 생성수형도인지 살펴본다.

1) 생성수형도가 아니면 ②로 되돌아간다.

2) 생성수형도이면 이 과정을 끝낸다.

이 방법으로 단계적으로 선택한 그래프를 나타내면 다음과 같다.

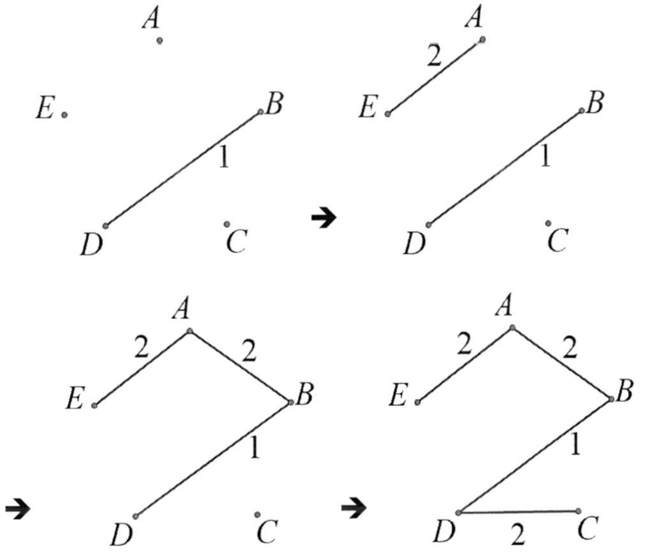

결과적으로 위와 같은 생성수형도를 얻게 된다. 그러므로, 그리디 알고리즘과 같은 결과를 얻게 된다.

문제 17. 다음 그래프의 변의 값의 합이 최소인 생성수형도를 그리디 알고리즘과 크루스컬 알고리즘을 각각 사용하여 구하여라. 그리고, 그 중 최솟값을 갖는 알고리즘은 무엇인지 구하여라(박종안 외, 2016, 참고).

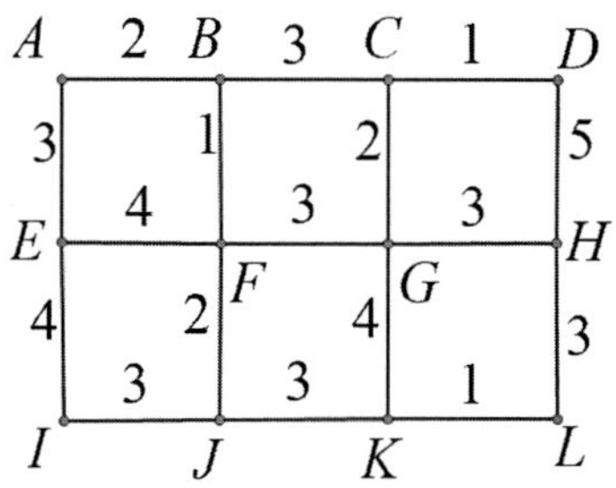

문제 18. 다음 그래프의 변의 값의 합이 최소인 생성수형도를 그리디 알고리즘과 크루스컬 알고리즘을 각각 사용하여 구하여라. 그리고, 그 중 최솟값을 갖는 알고리즘은 무엇인지 구하여라(박종안 외, 2016, 참고).

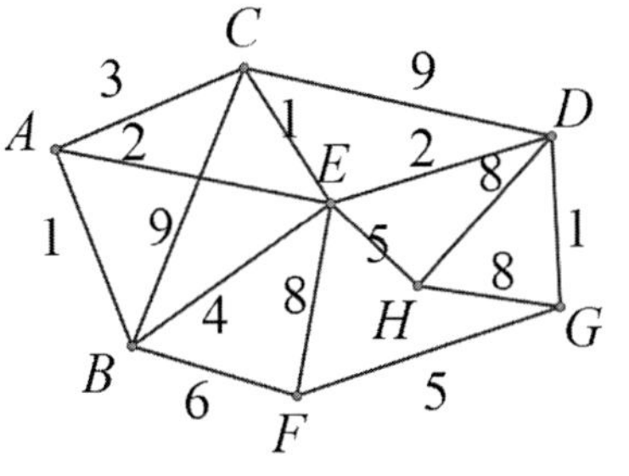

이러한 생성수형도는 우리의 일상에서 여러 곳에 사용되고 있다. 예를 들어, 어느 지역에 광케이블을 설치한다고 하자. 먼저 이러한 통신망을 설치하기 위한 조사를 통해 아래 그림과 같이 중계기를 알려주는 광케이블 연결도를 얻었다. 이 연결도에 기초해서 8개의 중계기를 효율적으로 연결하는 방법을 생각해보자.

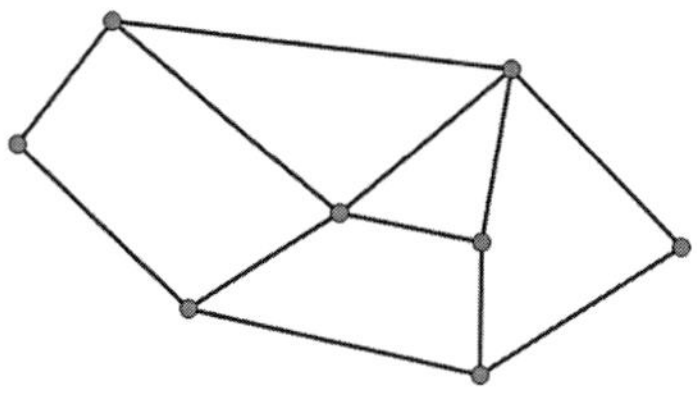

간단하게 생각할 수 있는 방법은 돈이 들더라도 연결도와 같이 모든 연결선을 광케이블로 다 연결하는 것이다. 그러나 이런 방법은 연결선이 많아 좋기는 하지만 효율적인 방법은 아니다. 좀 더 효과적인 방법은 모든 중계기를 연결하면서 연결선의 수를 최소화하는 방법이다. 한 가지 방법은 해밀턴 회로 또는 해밀턴 경로를 찾는 것이고, 또 다른 방법은 생성수형도를 이용하는 것이다(강원대학교 국정도서 편찬위원회, 2003).

이렇게 광케이블을 연결하는 것뿐만 아니라, 수도관을 깐다거나 지하철 노선을 결정하는 것 등에도 최소 비용으로 효율적으로 설치하는데 생성수형도를 이용하여 구할 수 있다. 이렇게 생성수형도는 우리의 주변에서 편리함과 효율성 등을 위해 사용되고 있음을 알 수 있다.

CHAPTER

05 그래프의 활용

1. 행렬

정의 1. 실수, 복소수, 또는 함수를 직사각형 모양으로 배열하여 하나로 묶어서 놓은 것, 즉,

$$\begin{pmatrix} a_{11} & a_{12} & \cdots & a_{1n} \\ a_{21} & a_{22} & \cdots & a_{2n} \\ \cdots & \cdots & \cdots & \cdots \\ a_{m1} & a_{m2} & \cdots & a_{mn} \end{pmatrix}$$

을 $m \times n$ 행렬 또는 간단히 행렬(matrix)이라고 한다. 여기서 m개의 행과 n개의 열을 말하는 $m \times n$을 행렬의 크기라고 한다. 그리고 행렬을 구성하는 a_{11}, a_{12}, $\cdots$, a_{mn}을 그 행렬의 성분(entry)이라고 한다. 즉, i행과 j열이 교차하는 곳의 성분을 a_{ij}로 나타내고, 이를 그 행렬의 (i, j)성분이라고 한다.

행렬은 보통 알파벳의 대문자 $A, B, C, \cdots$로 나타내고 성분은 소문자 $a, b, c, \cdots$로 나타낸다. 그리하여, 위의 행렬이 A라면, 크기 $m \times n$인 행렬 A를 간단히 $A_{m \times n}$ 또는 $(a_{ij})_{m \times n}$으로 나타낸다.

정의 2. 모든 성분이 0인 $m \times n$ 행렬을 $m \times n$ 영행렬(zero matrix)이라고 하고, $O_{m \times n}$으로 나타낸다. 그리고 영행렬의 크기를 표기할 필요가 없을 때는 간단히 O로 나타낸다.

정의 3. $m \times n$ 행렬 A에서 m과 n이 같을 때($m = n$일 때), 즉, 행의 개수와 열의 개수가 같을 때, A를 정방행렬(square matrix)이라고 한다. 그리고 A의 행의 수 n을 A의 차수라 하고, 차수가 n인 정방행렬 A를 n차 정방행렬(square matrix of order n)이라고 한다.

n차 정방행렬 A의 성분 a_{11}, a_{22}, $\cdots$, a_{nn}을 A의 대각성분(diagonal entry)이라 하고, 대각성분을 제외한 모든 성분이 0인 정방행렬을 대각행렬(diagonal matrix)이라고 한다.

$$\begin{pmatrix} a_{11} & 0 & \cdots & 0 \\ 0 & a_{22} & \cdots & 0 \\ \cdots & \cdots & \cdots & \cdots \\ 0 & 0 & \cdots & a_{nn} \end{pmatrix}$$

이 때, 대각성분이 모두 1인 n차 대각행렬을 n차 단위행렬, 또는 간단히 단위행렬(identity matrix, unit matrix)이라고 하고, I_n 또는 I로 나타낸다.

$$\begin{pmatrix} 1 & 0 & \cdots & 0 \\ 0 & 1 & \cdots & 0 \\ \cdots & \cdots & \cdots & \cdots \\ 0 & 0 & \cdots & 1 \end{pmatrix}$$

정의 4. $m \times n$ 행렬인 $A = (a_{ij})$와 $B = (b_{ij})$에 대하여, $a_{ij} = b_{ij}$일 때 두 행렬 A와 B는 같다고 하며, $A = B$로 나타낸다.

정의 5. 두 행렬 $A = (a_{ij})$와 $B = (b_{ij})$가 모두 $m \times n$ 행렬일 때,

$$c_{ij} = a_{ij} + b_{ij}$$

를 성분으로 갖는 행렬 $C = (c_{ij})$를 A와 B의 합이라고 하고, $A + B$로 나타낸다.

예제 1. 다음 식을 계산하시오.

(1) $\begin{pmatrix} 3 & 1 & -5 \\ -2 & 4 & -4 \end{pmatrix} + \begin{pmatrix} 2 & 3 & 1 \\ -1 & -2 & -5 \end{pmatrix}$

$= \begin{pmatrix} 3+2 & 1+3 & (-5)+1 \\ -2+(-1) & 4+(-2) & (-4)+(-5) \end{pmatrix}$

$= \begin{pmatrix} 5 & 4 & -4 \\ -3 & 2 & -9 \end{pmatrix}$

(2) $\begin{pmatrix} 1 & 2 \\ 3 & 4 \end{pmatrix} - \begin{pmatrix} 1 & 3 \\ 5 & 7 \end{pmatrix} = \begin{pmatrix} 0 & -1 \\ -2 & -3 \end{pmatrix}$

문제 1. 다음 식을 계산하시오.

(1) $\begin{pmatrix} 2 & 4 \\ 6 & -8 \end{pmatrix} + \begin{pmatrix} -1 & 7 \\ 9 & 5 \end{pmatrix}$

(2) $\begin{pmatrix} 3 & 9 & -12 \\ -7 & 1 & 15 \\ 6 & -11 & 13 \end{pmatrix} - \begin{pmatrix} -9 & 5 & 4 \\ 8 & -2 & 9 \\ 10 & 2 & -3 \end{pmatrix}$

정리 1. A, B, C 및 영행렬 O를 크기가 같은 행렬이라 하면 다음이 성립한다.

1) $A+B=B+A$ (교환법칙)
2) $(A+B)+C=A+(B+C)$ (결합법칙)
3) $A+O=A$ (덧셈에 관한 항등원)
4) $A+(-A)=O$ (덧셈에 관한 역원)

정의 6. 실수 k와 $m\times n$행렬 $A=(a_{ij})$에 대하여

$$k(a_{ij})$$

를 (i,j)성분으로 갖는 행렬을 k와 A의 스칼라곱이라고 하고, kA로 나타낸다.

예제 2. $2\begin{pmatrix} 1 & 2 \\ -1 & 3 \end{pmatrix}=\begin{pmatrix} 2\times 1 & 2\times 2 \\ 2\times(-1) & 2\times 3 \end{pmatrix}=\begin{pmatrix} 2 & 4 \\ -2 & 6 \end{pmatrix}$

문제 2. 다음 식을 계산하시오.

(1) $3\begin{pmatrix} 1 & 9 & -3 \\ 2 & 5 & 8 \\ -4 & 7 & 3 \end{pmatrix}$

(2) $-2\begin{pmatrix} 3 & 6 \\ -2 & -4 \end{pmatrix}$

문제 3. $A=\begin{pmatrix} 3 & 2 \\ -1 & 5 \\ 9 & -2 \end{pmatrix}$, $B=\begin{pmatrix} -3 & 6 \\ 2 & -4 \\ -5 & 1 \end{pmatrix}$일 때, 다음을 계산하여라.

(1) $A+B$

(2) $A-B$

(3) $-3A$

정리 2. A와 B를 $m\times n$행렬, k, l을 임의의 스칼라라고 할 때, 다음 등식이 성립한다.

1) $k(A+B)=kA+kB$ (배분법칙)
2) $(k+l)A=kA+lA$
3) $k(lA)=(kl)A$ (결합법칙)
4) $1A=A$

정의 7. $m\times p$ 행렬 $A=(a_{ik})$와 $p\times n$ 행렬 $B=(b_{kj})$에 대하여,

$$\sum_{k=1}^{p} a_{ik}b_{kj} = a_{i1}b_{1j}+a_{i2}b_{2j}+\ \cdots\ +a_{ip}b_{pj}$$

를 (i, j)성분으로 갖는 $m\times n$ 크기의 행렬을 A와 B의 곱이라고 하고, AB로 나타낸다. (Tip. 앞 행렬의 열(p)과 뒤 행렬의 행(p)이 같아야 곱이 성립한다.)

예제 3. 다음 행렬의 곱을 계산하시오.

(1) $\begin{pmatrix} a & b \\ c & d \end{pmatrix}\begin{pmatrix} e & f \\ g & h \end{pmatrix} = \begin{pmatrix} ae+bg & af+bh \\ ce+dg & cf+dh \end{pmatrix}$

(2) $\begin{pmatrix} 1 & 2 \\ 3 & 4 \end{pmatrix}\begin{pmatrix} 5 & 6 \\ 7 & 8 \end{pmatrix} = \begin{pmatrix} 1\times5+2\times7 & 1\times6+2\times8 \\ 3\times5+4\times7 & 3\times6+4\times8 \end{pmatrix} = \begin{pmatrix} 19 & 22 \\ 43 & 50 \end{pmatrix}$

(3) $\begin{pmatrix} 1 & 2 \\ -3 & 0 \\ 4 & 2 \end{pmatrix}\begin{pmatrix} -2 & 3 \\ 5 & 1 \end{pmatrix} = \begin{pmatrix} 1\times(-2)+2\times5 & 1\times3+2\times1 \\ (-3)\times(-2)+0\times5 & (-3)\times3+0\times1 \\ 4\times(-2)+2\times5 & 4\times3+2\times1 \end{pmatrix} = \begin{pmatrix} 8 & 5 \\ 6 & -9 \\ 2 & 14 \end{pmatrix}$

문제 4. 다음 행렬의 곱을 계산하시오.

(1) $\begin{pmatrix} 3 & -2 \\ 5 & 7 \end{pmatrix}\begin{pmatrix} -6 & 2 \\ -5 & 1 \end{pmatrix}$

(2) $\begin{pmatrix} 1 & 4 \\ -2 & 3 \\ 8 & -9 \end{pmatrix}\begin{pmatrix} -5 & 2 \\ 7 & -1 \end{pmatrix}$

정리 3. 행렬 A, B, C 및 스칼라 k에 관하여 좌변의 식이 정의된다고 할 때 다음 등식이 성립한다.

1) $k(AB)=(kA)B=A(kB)$
2) $(AB)C=A(BC)$ (결합법칙)
3) $A(B+C)=AB+AC$
4) $(A+B)C=AC+BC$ (배분법칙)
5) $IA=AI=A$ (곱셈에 대한 항등원)
6) $AO=OA=O$

▶ **참고.** 1) 일반적으로 행렬의 곱셈에 관하여 교환법칙이 성립하지 않는다. 즉,

$$AB \neq BA$$

2) A가 영행렬이 아니고 $B \neq C$이어도, $AB=AC$일 수 있다. 그러므로, 행렬로 된 방정식 $AB=AC$에서 A가 영행렬이 아니어도 양변에서 A를 소거할 수 없다.

3) A와 B가 영행렬이 아니어도 AB는 영행렬이 되기도 한다.

4) 행렬에서는 나눗셈이 성립하지 않는다.

2. 행렬과 그래프

정의 8. n개의 꼭짓점 $v_1, v_2, \cdots, v_n$을 갖는 그래프 G에서 a_{ij}를 두 꼭짓점 v_i와 v_j를 잇는 변의 수라고 할 때, $n \times n$ 행렬 $A(G)=(a_{ij})_{n \times n}$를 그래프 G의 인접행렬(adjacency matrix)이라고 한다.

문제 5. 다음 그래프는 여러 도시 간에 개설된 어느 항공사의 항로를 나타낸 것이다. 이 그래프에서 도시와 도시 사이의 관계를 수로 나타내려면 어떻게 하면 좋은가(강원대학교 국정도서 편찬위원회, 2003)?

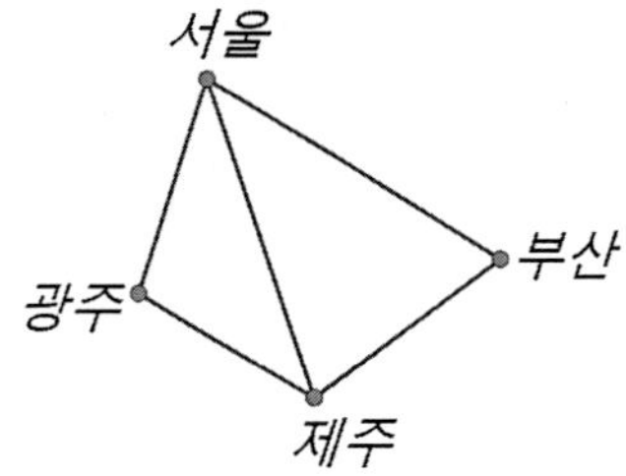

(1) 이 그래프를 보고 아래와 같은 표를 만들어 항로가 개설되어 있는 곳에는 1, 항로가 개설되어 있지 않은 곳에는 0을 써 보자.

	서울	부산	광주	제주
서울				
부산				
광주				
제주				

(2) 각 도시 이름이 있는 맨 윗줄과 제일 왼쪽 열을 없애고 숫자만 남게 하여 다음의 괄호 안에 써보자.

이 행렬이 인접행렬이 된다.

예제 4. 다음 그래프의 인접행렬을 구하시오.

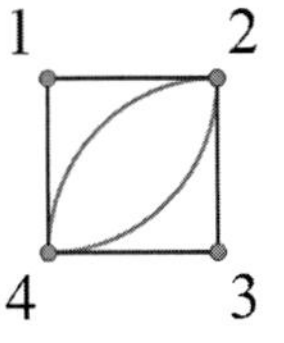

풀이 점이 4개이므로, 4행과 4열로 이루어진 정방행렬이 된다. 점과 점사이에 선분의 개수를 넣으면 된다. 점1과 점1사이에 선분(즉, 루프)이 없으니 0이 된다. 점1과 점2사이에 선분이 1개 있으므로 1이 되고, 점1과 점4사이에 선분이 1개 있으므로 1이 된다. 그리고 점1과 점3사이에는 선분이 없으므로 0이다. 이렇게 각 점들 사이의 변의 수를 넣으면 행렬로 옮기면 다음과 같다.

$$\begin{array}{c} \\ 1 \\ 2 \\ 3 \\ 4 \end{array}\begin{array}{c} \begin{array}{cccc} 1 & 2 & 3 & 4 \end{array} \\ \begin{pmatrix} 0 & 1 & 0 & 1 \\ 1 & 0 & 1 & 2 \\ 0 & 1 & 0 & 1 \\ 1 & 2 & 1 & 0 \end{pmatrix} \end{array}$$

즉, 인접행렬은 다음과 같다.

$$\begin{pmatrix} 0 & 1 & 0 & 1 \\ 1 & 0 & 1 & 2 \\ 0 & 1 & 0 & 1 \\ 1 & 2 & 1 & 0 \end{pmatrix}$$

문제 6. 다음 주어진 그래프의 인접행렬을 구하시오.

(1)

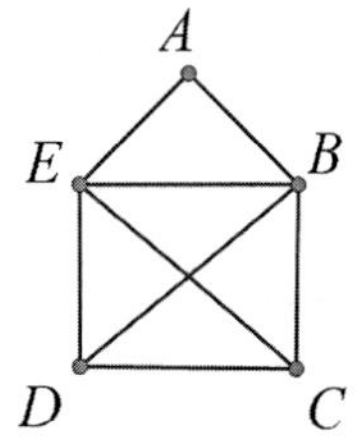

(2)

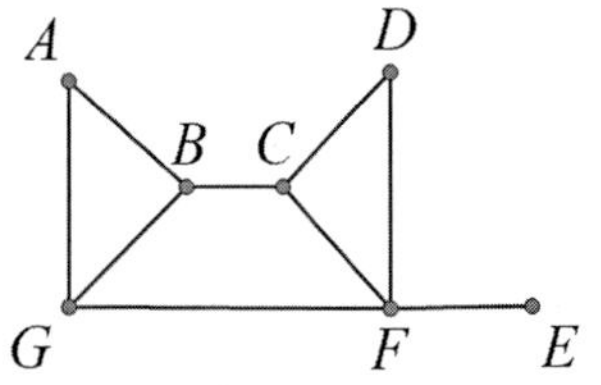

문제 7. 다음 인접행렬을 가지는 그래프를 그리시오(강원대학교 국정도서 편찬위원회, 2003).

(1)

$$\begin{pmatrix} 0 & 0 & 1 & 1 & 1 \\ 0 & 0 & 1 & 1 & 1 \\ 1 & 1 & 0 & 0 & 0 \\ 1 & 1 & 0 & 0 & 0 \\ 1 & 1 & 0 & 0 & 0 \end{pmatrix}$$

(2)

$$\begin{pmatrix} 0 & 1 & 1 & 0 & 1 \\ 1 & 0 & 1 & 0 & 1 \\ 1 & 1 & 0 & 1 & 0 \\ 0 & 0 & 1 & 0 & 1 \\ 1 & 1 & 0 & 1 & 0 \end{pmatrix}$$

문제 8. 다음은 꼭짓점이 v_1, v_2, v_3, v_4, v_5인 그래프 G의 인접행렬이다(박종안 외, 2016).

$$\begin{pmatrix} 0 & 1 & 1 & 0 & 1 \\ 1 & 0 & 1 & 1 & 0 \\ 1 & 1 & 0 & 1 & 0 \\ 0 & 1 & 1 & 0 & 0 \\ 1 & 0 & 0 & 0 & 0 \end{pmatrix}$$

(1) v_1과 인접한 꼭짓점을 구하여라.

(2) 각 꼭짓점의 차수를 구하여라.

(3) 그래프 G의 변의 수를 구하여라.

(4) 그래프 G를 그리시오.

문제 9. 다음 그림은 천안, 제천, 안동, 대전 사이의 길을 그래프로 그린 것이다(강원대학교 국정도서 편찬위원회, 2003).

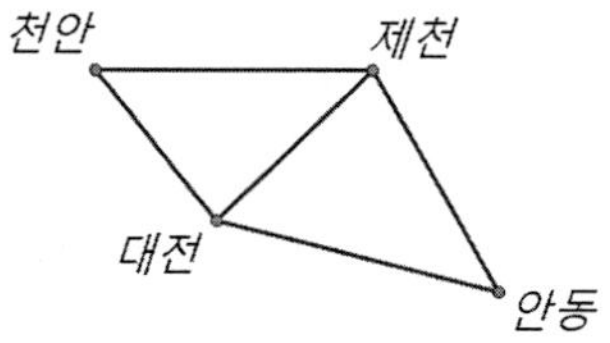

(1) 이 그래프의 인접행렬을 구하여라.

(2) 인접행렬을 이용하여 천안에서 안동까지 한 도시를 거쳐가는 방법의 수를 계산하여라.

(3) 대전에서 출발하여 한 도시를 거쳐 대전으로 돌아오는 방법의 수를 구하여라.

정의 9. 그래프 $G(V,E)$에서 $V=\{v_1, v_2, \cdots, v_p\}$, $E=\{e_1, e_2, \cdots, e_q\}$라고 하면, 그래프 G의 근접행렬(incidence matrix) $B(G)=(b_{ij})_{p\times q}$는 다음과 같이 정의된다.

$$b_{ij}=\begin{cases}1 & (\text{꼭짓점 } v_i\text{와 변 } e_j\text{가 근접할 때})\\ 0 & (\text{그 외의 경우})\end{cases}$$

예제 5. 다음 그래프의 근접행렬을 구하시오.

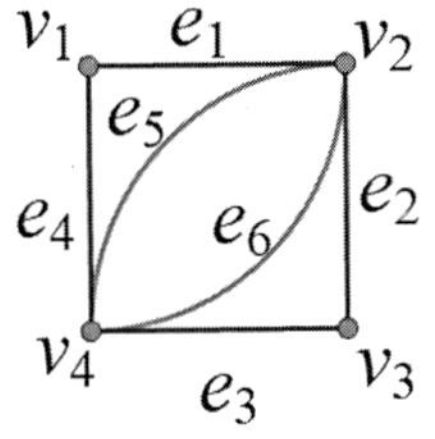

풀이 각 행은 꼭짓점으로, 각 열은 변으로 두고 행렬을 만든다. 그리고, e_1은 v_1과 v_2를 연결하므로, 연결되는 점에 1을 쓰고, 만나지 않는 점은 0이라고 쓴다. e_2, e_3, $\cdots$ 등도 이와 같이 작성하면 다음과 같다.

$$\begin{array}{c} \\ v_1 \\ v_2 \\ v_3 \\ v_4 \end{array}\begin{array}{c} \begin{array}{cccccc} e_1 & e_2 & e_3 & e_4 & e_5 & e_6 \end{array} \\ \begin{pmatrix} 1 & 0 & 0 & 1 & 0 & 0 \\ 1 & 1 & 0 & 0 & 1 & 1 \\ 0 & 1 & 1 & 0 & 0 & 0 \\ 0 & 0 & 1 & 1 & 1 & 1 \end{pmatrix} \end{array}$$

여기서 꼭짓점과 변을 제외하면 근접행렬이 된다. 이는 다음과 같다.

$$\begin{pmatrix} 1 & 0 & 0 & 1 & 0 & 0 \\ 1 & 1 & 0 & 0 & 1 & 1 \\ 0 & 1 & 1 & 0 & 0 & 0 \\ 0 & 0 & 1 & 1 & 1 & 1 \end{pmatrix}$$

문제 10. 다음 그래프의 근접행렬을 구하시오.

(1)

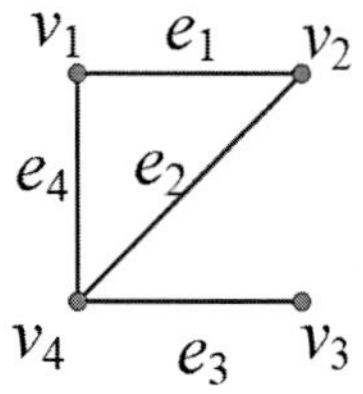

(2)

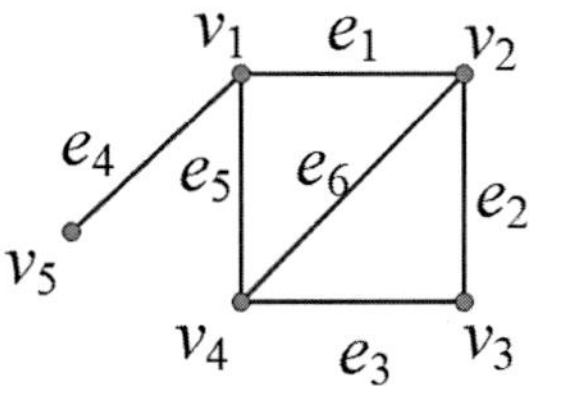

문제 11. 다음 근접행렬로 그래프를 그리시오.

(1)

$$\begin{pmatrix} 1&1&0&0&0&0&0 \\ 0&1&1&1&0&0&0 \\ 0&0&0&1&1&1&0 \\ 0&0&0&0&0&1&1 \\ 1&0&1&0&1&0&1 \end{pmatrix}$$

(2)

$$\begin{pmatrix} 1&0&0&1&1&0&0 \\ 1&1&0&0&0&1&0 \\ 0&1&1&0&0&0&0 \\ 0&0&1&1&0&0&1 \\ 0&0&0&0&1&1&1 \end{pmatrix}$$

문제 12. 다음 그래프의 근접행렬을 구하시오.

(1)

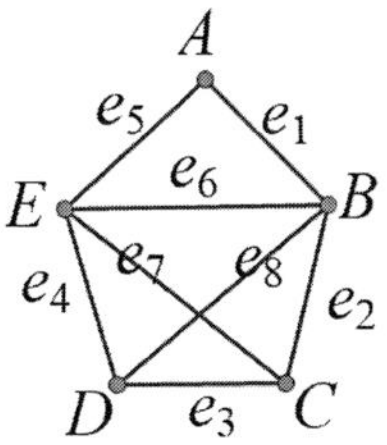

(2)

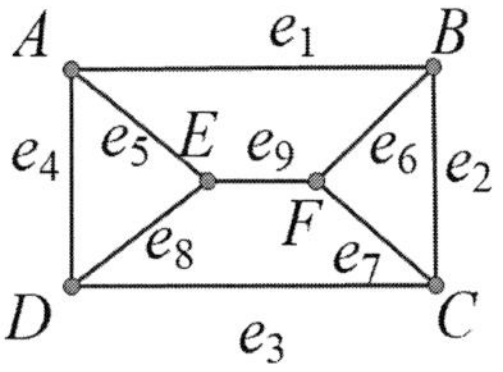

정의 10. G를 n개의 꼭짓점 $v_1, v_2, \cdots, v_n$을 갖는 유향그래프라고 하자. 유향그래프 G의 인접행렬 $A(G) = (a_{ij})_{n\times n}$은 다음과 같이 정의된다.

$$a_{ij} = \begin{cases} 1 & ((v_i, v_j)\text{가 } G\text{의 변일 때}) \\ 0 & (\text{그 외의 경우}) \end{cases}$$

예제 6. 다음 유향그래프의 인접행렬을 구하시오.

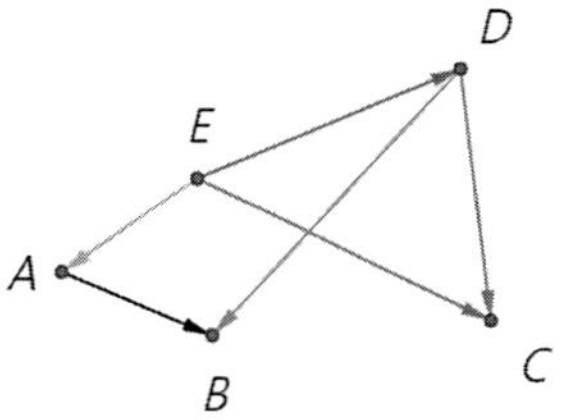

풀이 이전의 그래프에서 인접그래프를 그리는 방법과 유사하다. 행과 열에 각각 A, B, C, D, E라 두고 세로축인 행은 변의 시작점이 되고 가로축인 열은 변의 끝점이라고 보면 된다. 즉, 점A에서 점B로 이어지므로, 행렬로 표기하면 다음과 같다.

$$\begin{array}{c} \\ A \\ B \\ C \\ D \\ E \end{array} \begin{array}{c} ABCDE \\ \begin{pmatrix} & 1 & & & \\ & & & & \\ & & & & \\ & & & & \\ & & & & \end{pmatrix} \end{array}$$

변이 없는 부분에는 0을 넣어서 완성하면 다음과 같다.

$$\begin{array}{c} \\ A \\ B \\ C \\ D \\ E \end{array} \begin{array}{c} ABCDE \\ \begin{pmatrix} 0 & 1 & 0 & 0 & 0 \\ 0 & 0 & 0 & 0 & 0 \\ 0 & 0 & 0 & 0 & 0 \\ 0 & 1 & 1 & 0 & 0 \\ 1 & 0 & 1 & 1 & 0 \end{pmatrix} \end{array}$$

여기서, 행렬안의 값을 합하면 총 변의 개수가 된다. 이를 유향그래프의 인접행렬이라 한다.

$$\begin{pmatrix} 0 & 1 & 0 & 0 & 0 \\ 0 & 0 & 0 & 0 & 0 \\ 0 & 0 & 0 & 0 & 0 \\ 0 & 1 & 1 & 0 & 0 \\ 1 & 0 & 1 & 1 & 0 \end{pmatrix}$$

문제 13. 다음 주어진 유향그래프의 인접행렬을 구하시오.

(1)

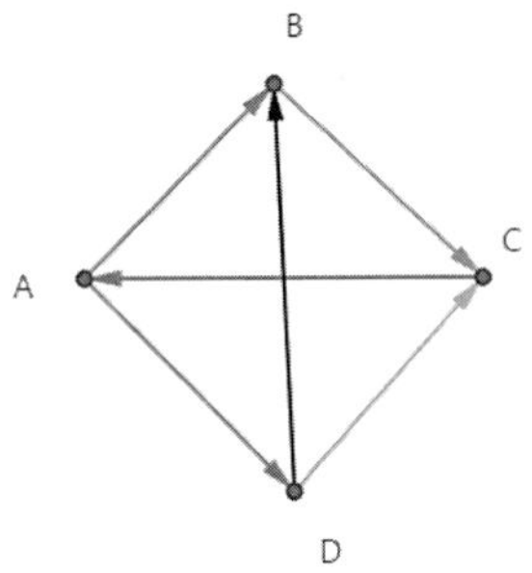

(2)

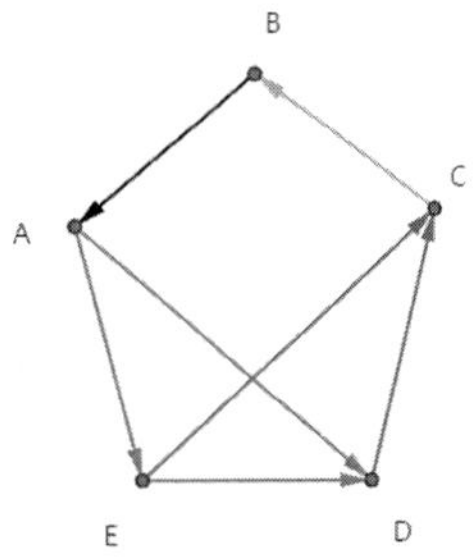

문제 14. 다음 인접행렬을 가지는 그래프를 그리시오.

(1)

$$\begin{pmatrix} 0 & 0 & 0 & 1 & 0 \\ 0 & 0 & 0 & 0 & 1 \\ 1 & 0 & 0 & 0 & 0 \\ 0 & 1 & 0 & 0 & 0 \\ 0 & 0 & 1 & 0 & 0 \end{pmatrix}$$

(2)

$$\begin{pmatrix} 0 & 0 & 0 & 1 & 0 \\ 1 & 0 & 0 & 0 & 1 \\ 0 & 0 & 0 & 0 & 1 \\ 0 & 0 & 1 & 0 & 0 \\ 1 & 0 & 0 & 1 & 0 \end{pmatrix}$$

문제 15. 다음 그래프는 어떤 도시의 A, B, C, D 네 지점 사이에서 자동차로 곧바로 갈 수 있는 경우를 화살표로 나타낸 것이다. 다음 물음에 답하여라(2002년도 중등교사 임용시험).

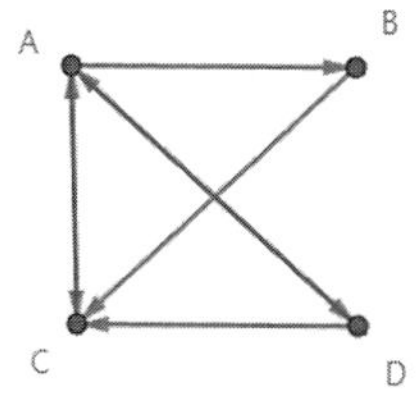

(1) 주어진 그래프의 인접행렬 A를 구하여라.

(2) 어떤 지점에서 다른 지점으로 갈 때, '곧바로 또는 한 지점을 거쳐서' 갈 수 있는지 없는지 알 수 있는 행렬을 인접행렬 A를 이용하여 나타내어라.

정의 11. G를 꼭짓점 $v_1, v_2, \cdots, v_n$과 변 $e_1, e_2, \cdots, e_m$을 갖는 유향그래프라고 하자. 유향그래프 G의 근접행렬 $B(G)=(b_{ij})_{n\times m}$은 다음과 같이 정의된다.

$$b_{ij}=\begin{cases}1 & (v_i\text{가 } e_j\text{의 시작점일 때})\\ -1 & (v_i\text{가 } e_j\text{의 끝점일 때})\\ 0 & (\text{그 외의 경우})\end{cases}$$

예제 7. 다음 유향그래프의 근접행렬을 구하시오.

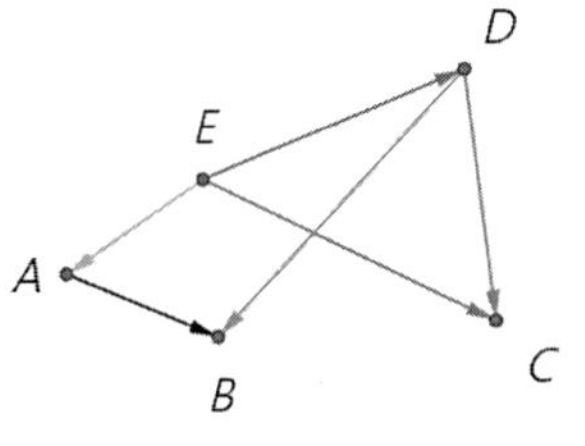

풀이 정의대로 변의 시작점은 1 도착점은 -1이고, 나머지는 0으로 나타내면 된다. 세로축인 행에는 점 A, B, C, D, E라 두고 가로축인 열은 변 e_1, e_2, e_3, e_4, e_5, e_6을 둔다. 여기서 e_1은 점A에서 점B로 이어지므로, 행렬로 표기하면 다음과 같다.

$$\begin{array}{c} \\ A\\ B\\ C\\ D\\ E\end{array}\begin{array}{c} e_1\,e_2\,e_3\,e_4\,e_5\,e_6 \\ \begin{pmatrix} 1 & & & & & \\ -1 & & & & & \\ 0 & & & & & \\ 0 & & & & & \\ 0 & & & & & \end{pmatrix}\end{array}$$

다른 변들도 이와 같은 방법으로 완성하면 다음과 같다.

$$\begin{array}{c} \\ A\\ B\\ C\\ D\\ E\end{array}\begin{array}{c} \begin{matrix} e_1 & e_2 & e_3 & e_4 & e_5 & e_6\end{matrix} \\ \begin{pmatrix} 1 & 0 & 0 & 0 & 0 & -1\\ -1 & -1 & 0 & 0 & 0 & 0\\ 0 & 0 & -1 & -1 & 0 & 0\\ 0 & 1 & 0 & 1 & -1 & 0\\ 0 & 0 & 1 & 0 & 1 & 1\end{pmatrix}\end{array}$$

여기서, 행렬 안의 값을 합하면 0이 된다. 이를 유향그래프의 근접행렬이라 한다.

$$\begin{pmatrix} 1 & 0 & 0 & 0 & 0 & -1\\ -1 & -1 & 0 & 0 & 0 & 0\\ 0 & 0 & -1 & -1 & 0 & 0\\ 0 & 1 & 0 & 1 & -1 & 0\\ 0 & 0 & 1 & 0 & 1 & 1\end{pmatrix}$$

문제 16. 다음 주어진 유향그래프의 근접행렬을 구하시오.

(1)

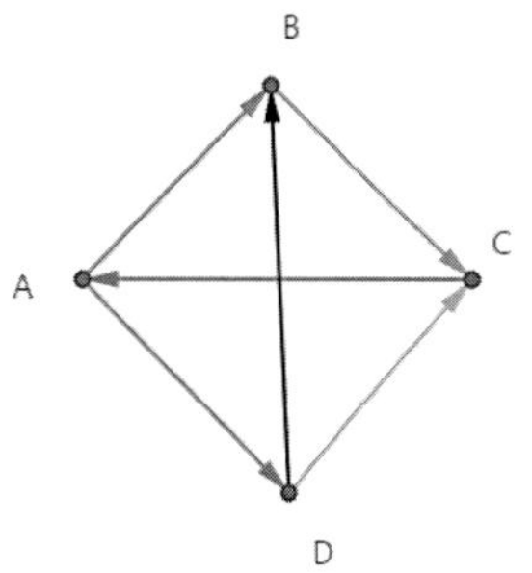

(2)

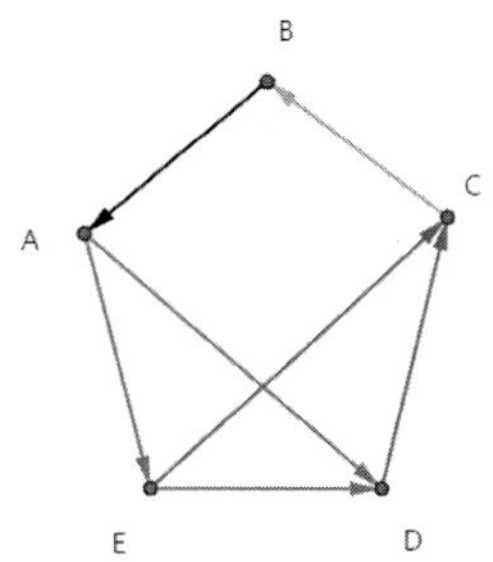

문제 17. 다음 근접행렬을 가지는 그래프를 그리시오.

(1)

$$\begin{pmatrix} -1 & 0 & 1 & 1 & 0 & 0 & 0 \\ 1 & 0 & 0 & 0 & 1 & 0 & 0 \\ 0 & 1 & 0 & 0 & 0 & -1 & 0 \\ 0 & -1 & -1 & 0 & 0 & 0 & 1 \\ 0 & 0 & 0 & -1 & -1 & 1 & -1 \end{pmatrix}$$

(2)

$$\begin{pmatrix} -1 & 0 & 0 & 1 & 0 & 0 & 0 & 0 \\ 1 & 1 & 0 & 0 & 0 & -1 & 0 & 0 \\ 0 & -1 & -1 & 0 & 0 & 0 & -1 & 1 \\ 0 & 0 & 1 & -1 & 1 & 0 & 0 & 0 \\ 0 & 0 & 0 & 0 & -1 & 1 & 1 & -1 \end{pmatrix}$$

3. 평면그래프와 색칠문제

1) 평면그래프

> **정의 12.** 변이 서로 교차하지 않도록 그래프 G를 평면에 그릴 수 있으면 G를 평면그래프(Planer graph)라고 한다. 한편 평면그래프에서 교차하지 않는 변에 의하여 나누어지는 영역을 그 평면그래프의 면(face)이라고 한다.

예제 8. 다음 그래프를 평면그래프로 나타내시오.

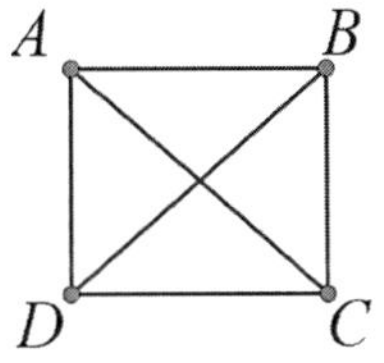

풀이 주어진 그래프에서 가운데 두 변이 만나도록 그려지므로 그래프를 수정해야한다. 이 때, 점 C를 다음 그림과 같이 옮기면 교차하는 변이 없으므로 평면그래프가 된다.

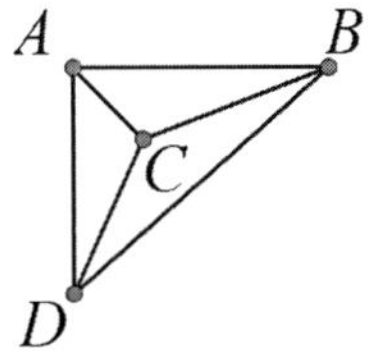

문제 18. 다음 그래프는 평면그래프인가? 평면그래프라면 꼭짓점이 아닌 곳에서 변이 만나지 않도록 그리시오(정상권 외, 2010).

(1)

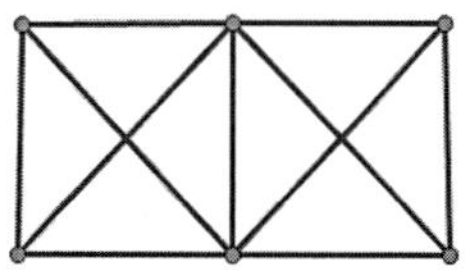

(2)

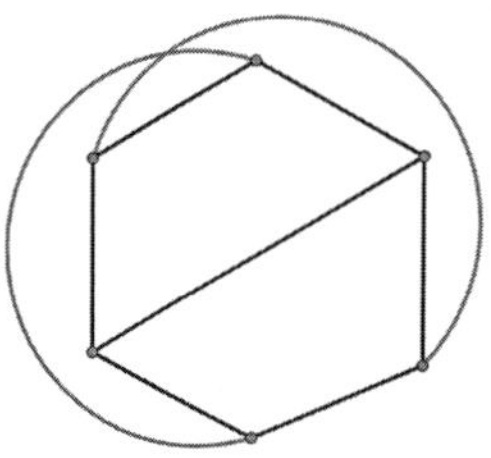

(3)

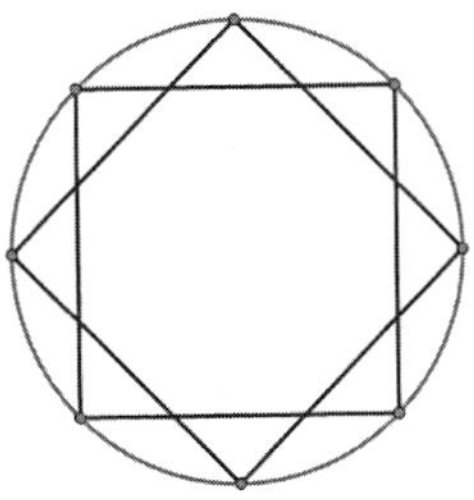

문제 19. 다음 그래프를 변이 만나지 않도록 그리시오.

(1)

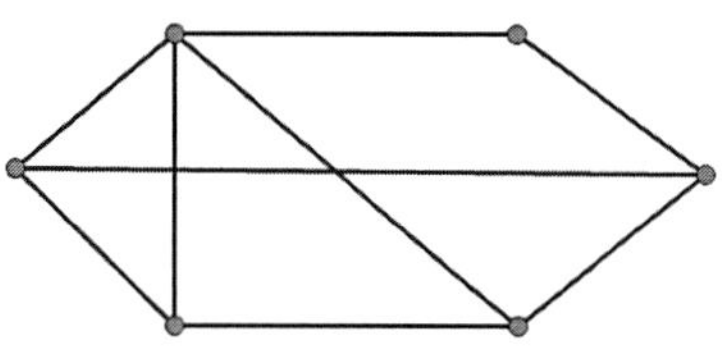

(2)

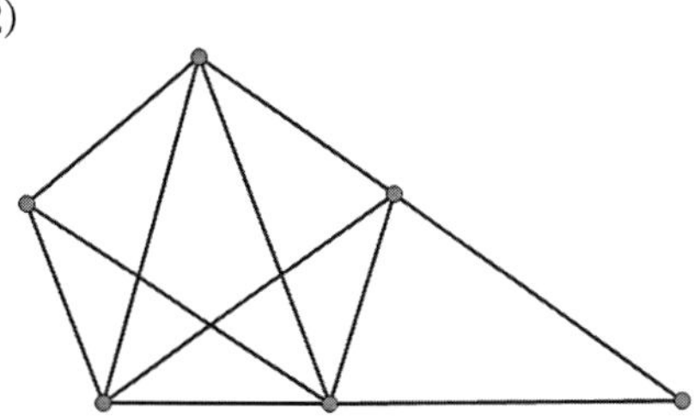

문제 20. 다음 그래프를 변이 만나지 않도록 그리시오.

(1)

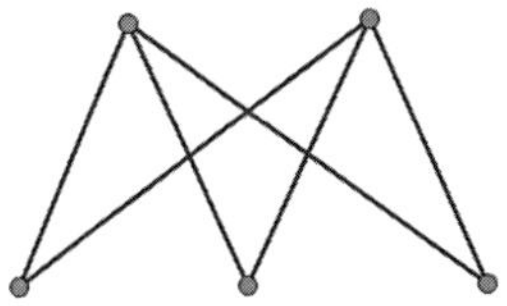

(2)

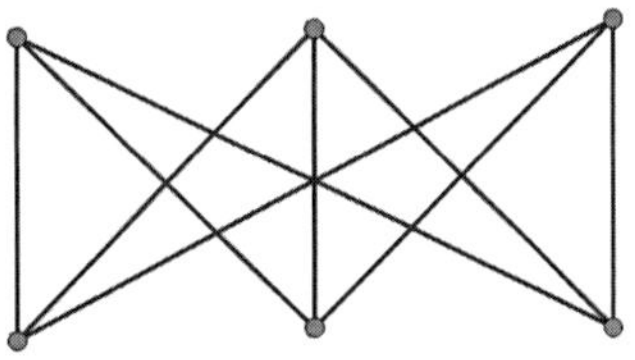

이렇게 변이 교차하지 않게 그린 평면그래프는 실생활에서도 많이 쓰인다. 대표적으로 회로판이라고 부르는 인쇄 회로 기판(PCB: Printed Circuit Board)을 살펴보자. 인쇄 회로 기판은 도체와 절연체가 기판 형태의 적층된 구조로 되어 있고 반도체 · 커패시터 · 저항 등 각종 부품을 장착할 수 있으며 부품간의 전기적인 연결을 하는 역할을 한다. 인쇄 회로 기판은 전기 선로를 효율적으로 설계할 수 있도록 함으로써 전자기기 크기를 줄이고 성능 및 생산성을 높이며 서킷 디자인의 최종 구현을 위해 필수불가결한 것이다.

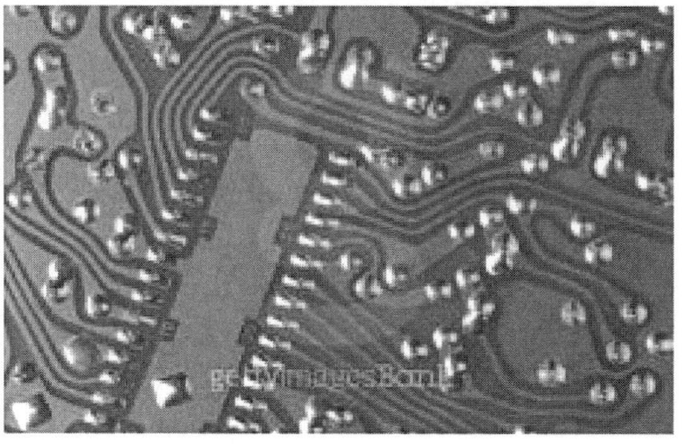

[그림 10] 인쇄 회로 기판(PCB) 11)

인쇄 회로 기판이라고 명시하는 이유는 기판에 회로가 인쇄되어 있지 않은 회로 기판도 있기 때문이다. 이런 회로 기판은 오늘날엔 전자공학자 외에는 거의 쓰지 않지만, 1900년대 중후반에는 학생들을 비롯해 많은 이들이 취미 활동으로 이런 회로 기판을 이용해 라디오, 각종 센서 등을 제작하곤 했다. 학생들이 널리 사용하던 회로 기판은 브레드보드(breadboard)라 부르며, 납땜 없이 회로 제작이 가능하고 재활용이 가능해 경제적이었다. 전자공학자들이 회로 설계에 사용하는 스트립보드(stripboard)나 퍼프보드(perfboard)는 납땜이 필요하지만, 회로 밀도를 브레드보드보다 높게 사용할 수 있다는 장점이 있다.12) 이 때, 점과 선들은 전기전도성이 높은 것으로 만들어지고 이들 하나하나가 신호를 전달하는데 쓰인다. 그런데 이 선들이 겹치게 되면 신호가 교란되어서 제대로 된 신호가 전달되지 않는다. 그래서 이 인쇄 회로 기판을 만드는데 평면그래프가 쓰이는 것이다.

---

11) https://search.daum.net/search?w=img&q=%ED%9A%8C%EB%A1%9C%ED%8C%90&DA=IIM

12)https://namu.wiki/w/%EC%9D%B8%EC%87%84%20%ED%9A%8C%EB%A1%9C%20%EA%B8%B0%ED%8C%90

우리가 잘 알고 있는 3차원의 정다면체도 2차원의 평면그래프로 나타낼 수 있다. 3차원 입체를 2차원 평면으로 나타내는 것인데 각각의 정다면체를 평면그래프로 나타낸 것은 다음과 같다.

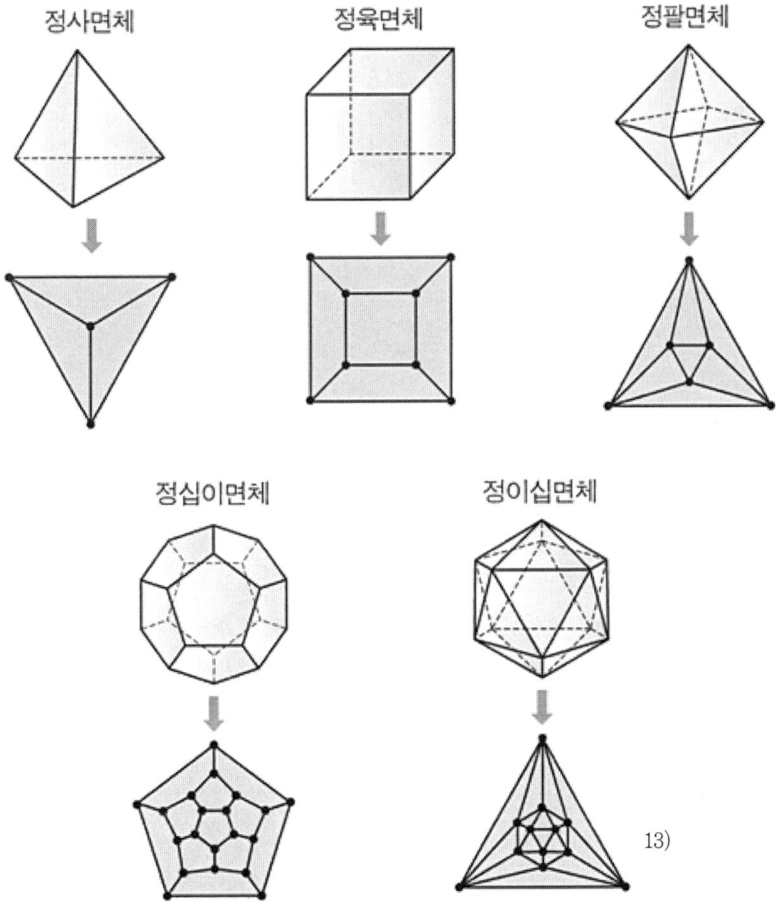

[13]

13) https://cafe.naver.com/suhui/20608030?art=ZXh0ZXJuYWwtc2VydmljZS1uYXZlci1zZWFyY2gtY2FmZS1wcg.eyJhbGciOiJIUzI1NiIsInR5cCI6IkpXVCJ9.eyJjYWZlVHlwZSI6IkNBRkVfVVJMIiwiY2FmZVVybCI6InN1aHVpIiwiYXJ0aWNsZUlkIjoyMDYwODAzMCwiaXNzdWVkQXQiOjE3MjUwMDk0NjY0NTZ9.3kpvzlxMQ_WOspO-izn1rcfpx_sQBQH659pYy2_WFI8

문제 21. 다음 그래프를 변이 서로 교차하지 않게 평면에서 다시 그리고 꼭짓점의 수, 변의 수, 면의 수를 구하여라(박종안 외, 2016).

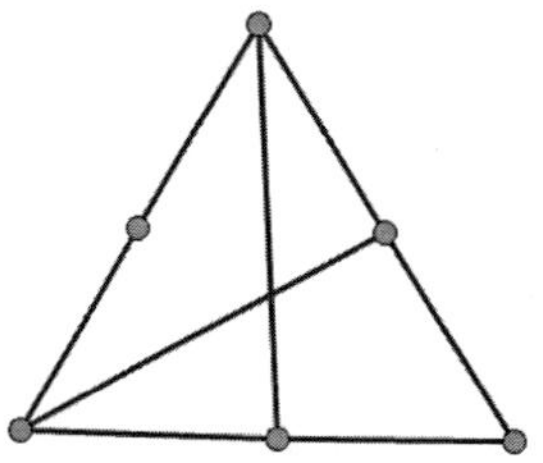

문제 22. 다음 평면그래프에서 꼭짓점의 수를 v, 변의 수를 e, 면의 수를 f라고 할 때, v, e, f를 각각 구하고, 그 관계를 유추하여라(박종안 외, 2016).

(1)

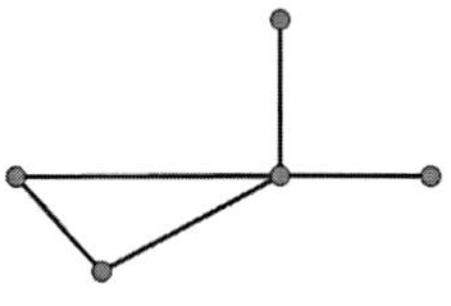

(2)

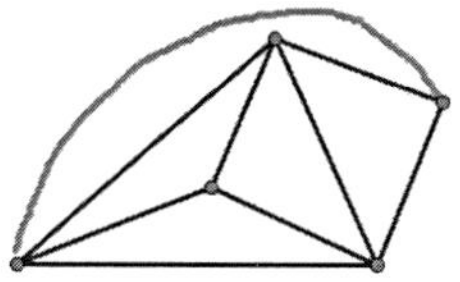

정리 4. 〈오일러 공식〉

연결된 평면그래프 G에서 꼭짓점의 수를 v, 변의 수를 e, 면의 수를 f라고 하면

$$v-e+f=2$$

이다.

문제 23 다음 평면그래프에서 꼭짓점의 수를 v, 변의 수를 e, 면의 수를 f라고 할 때, v, e, f를 각각 구하고, $v-e+f=2$가 성립하는지 확인하시오(정상권 외, 2010a).

(1)

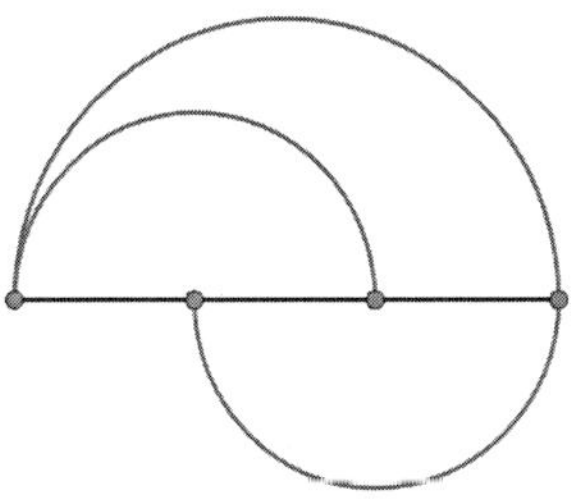

(2)

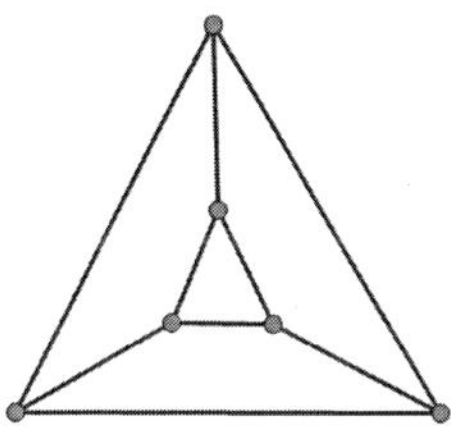

2) 색칠문제

문제 24. 다섯 명의 연사 A, B, C, D, E가 한 시간씩 강연하는 강연회가 있다. 다음 표처럼 연사들도 다른 연사들의 강연을 듣고 싶어 한다. 연사들이 듣고 싶은 강연을 모두 들을 수 있도록 시간 배정을 한다고 할 때, 이 강연회가 끝나려면 최소한 몇 시간이 필요한가(박종안 외, 2016)?

연사 A가 듣고 싶어 하는 강연의 연사	B, C
연사 B가 듣고 싶어 하는 강연의 연사	C, D
연사 C가 듣고 싶어 하는 강연의 연사	A
연사 D가 듣고 싶어 하는 강연의 연사	C
연사 E가 듣고 싶어 하는 강연의 연사	C, D

예제 9. 다음 표는 민규를 포함한 5명의 친구들이 참여하고 있는 동아리를 나타낸 것이다. 각 동아리에서는 일주일에 하루씩 모임을 가지려고 하며, 하루에 두 모임이 열리지 않도록 각 모임의 일정을 정하려고 한다. 아래 조건을 만족하는 일정은 최소한 며칠이 필요한가(강원대학교 국정도서 편찬위원회, 2003. 수정)?

	수학	문학	과학	미술	음악	영어
민규	O	O	O			
세웅	O			O	O	
민영		O				O
태호	O		O			
상아	O				O	

풀이 각 동아리를 꼭짓점으로 하고 같은 날 모임을 가질 수 없는 동아리끼리는 변으로 연결하면 다음과 같은 그래프를 얻는다. 예를 들면 수학 동아리와 문학 동아리는 같은 날 모임을 가질 수 없으므로 이 두 꼭짓점을 연결하는 변을 그린다. 다음 그래프의 꼭짓점은 한 가지나 두 가지 색으로 칠할 수 없으나 세 가지 색으로는 칠할 수 있다. 예를 들면

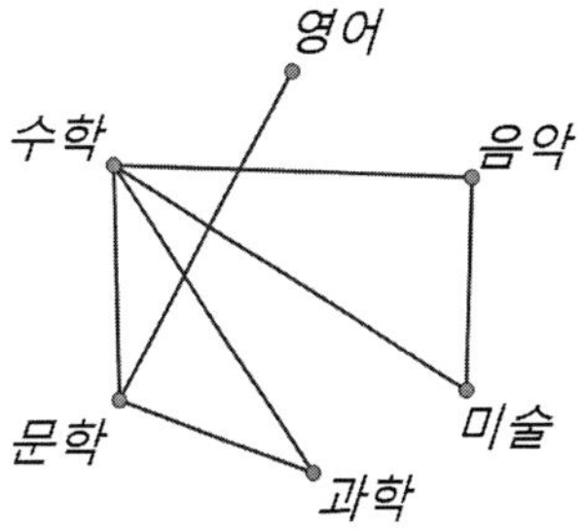

빨간색 : 수학, 영어
파란색 : 음악, 문학
노란색 : 과학, 미술

이며 같은 색으로 칠해진 동아리는 같은 날 모임을 가져도 된다. 따라서 조건을 만족하는 일정을 잡기 위해서는 최소 3일이 필요하다.

문제 25. 아래 그림은 어떤 지역의 라디오 방송국 A, B, C, D, E, F의 위치를 나타낸 것이다. 방송국 사이의 거리가 $40km$ 미만인 방송국이 같은 주파수를 이용하면 서로 전파 간섭을 일으켜 제대로 방송을 할 수 있다고 한다. 이 지역의 모든 방송국이 전파 간섭 없이 방송을 하려면 적어도 몇 개의 주파수가 필요한가?(단, 그림에서 한 칸의 거리는 $10km$이다.)(박종안 외, 2016)

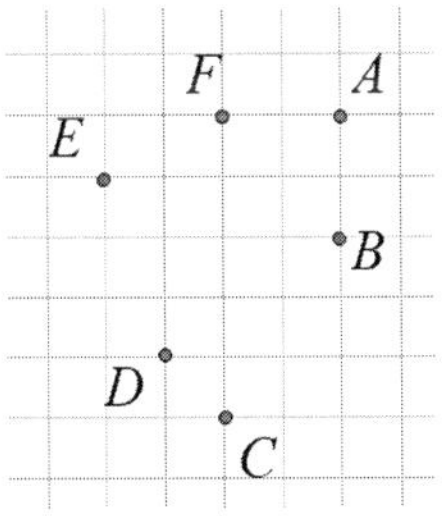

정의 13. 인접한 꼭짓점은 서로 다른 색을 갖도록 그래프 G의 모든 꼭짓점을 색칠할 때, 필요한 색의 최소수를 G의 채색수(chromatic number)라 하고, $\chi(G)$로 나타낸다.

예제 10. 다음 그래프의 채색수를 구하여라(강원대학교 국정도서 편찬위원회, 2003).

(1)

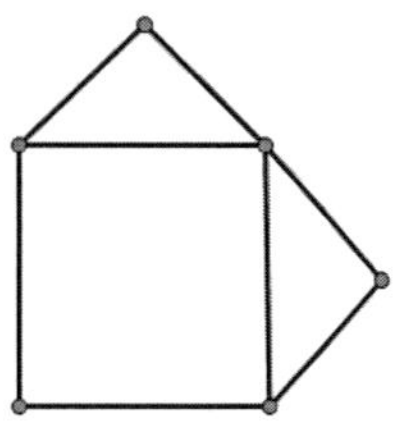

(2)

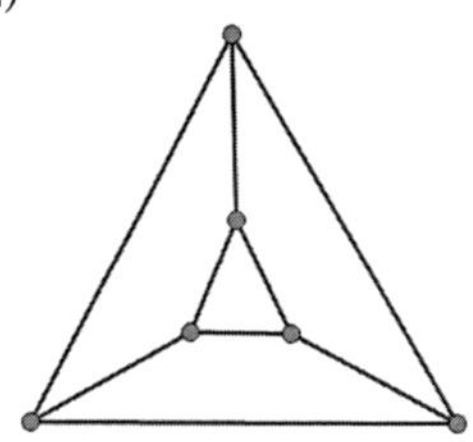

풀이 그래프(1)과 그래프(2)에 색칠할 색을 숫자별로 동일한 색으로 칠한다고 하면 다음과 같이 색칠할 수 있다. 즉, 그래프(1)과 그래프(2)의 모든 꼭짓점을 색칠할 때, 필요한 색의 최소수인 채색수는 각각 3이 된다.

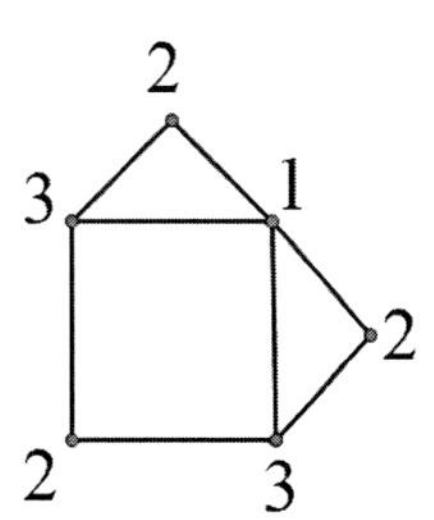

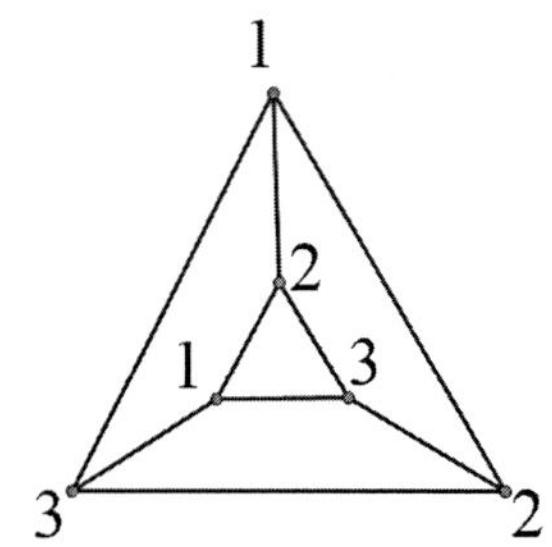

문제 26. 다음 그래프의 채색수를 구하여라(박종안 외, 2016).

(1)

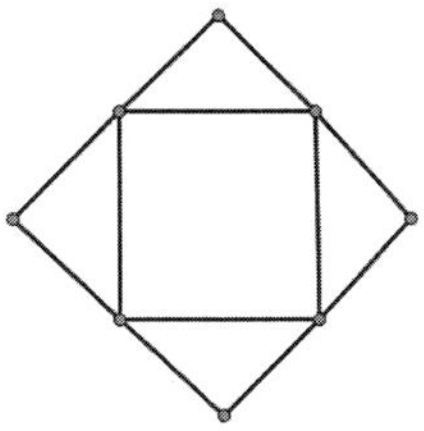

(2)

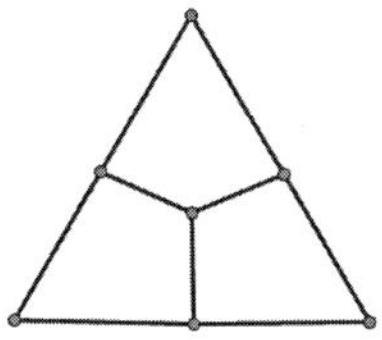

문제 27. 다음 그래프의 채색수를 구하여라(박종안 외, 2016).

(1)

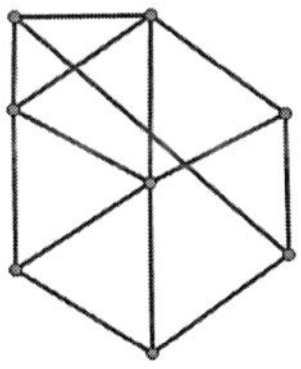

(2)

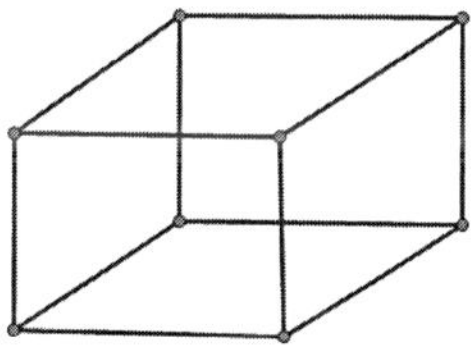

문제 28. 동물원에서는 정기적으로 원숭이 우리를 청소한다. 청소할 동안에는 원숭이들을 작은 방으로 이동시켜야 하는데 어떤 원숭이들은 서로 사이가 좋지 않아서 좁은 곳에서는 잘 싸운다. 서로 사이가 좋지 않은 원숭이들의 표가 아래와 같을 때, 방을 최소 몇 개 준비하여야 하는가(강원대학교 국정도서 편찬위원회, 2003, 수정)?

원숭이 이름	사이가 안 좋은 원숭이
일남이	이순이, 오남이
이순이	일남이, 삼남이
삼남이	이순이, 오남이
사순이	오남이
오남이	일남이, 삼남이, 사순이

(1) 각 원숭이에 대응하도록 꼭짓점을 그리고, 그 사이에 변은 어느 경우에 그리면 좋을지 생각해보자. 사이가 좋은 두 원숭이를 변으로 연결할지, 아니면 사이가 좋지 않은 원숭이를 변으로 연결할지를 결정하자.

(2) 주어진 그래프의 꼭짓점을 색칠하여, 채색수를 구하여 보자. 그러면 원숭이를 이동시킬 최소의 방의 개수를 몇 개인가?

문제 29. 어느 대학은 여름 계절학기에 A, B, C, D, E, F, G, H의 8과목을 개설하고 있다. 다음 표는 과목 X와 Y를 모두 수강하는 학생이 있으면 과목 X와 과목 Y가 만나는 칸에 ○표로 표시한 것이다(박종안 외, 2016).

	A	B	C	D	E	F	G	H
A		○		○	○	○		○
B	○				○	○		
C						○	○	○
D	○							○
E	○	○				○		
F	○	○	○		○		○	
G			○			○		
H	○		○	○				

(1) 계절학기를 수강하는 모든 학생이 중복되지 않게 각 과목마다 한 시간 동안 시험을 보게 하려면 최소 몇 시간이 필요한가?

(2) 냉방 시설이 되어 있는 강의실이 두 강의실 P,Q 밖에 없다. 위 (1)에서 구한 최소 시간 동안에 모든 학생들이 냉방 시설이 되어 있는 강의실에서 시험을 보게 강의실에 배정할 수 있는가?

정리 5. 〈4색 정리〉

모든 평면그래프 G에 대하여,

$$\chi(G) \leq 4$$

가 성립한다.(즉, 채색수는 4보다 작거나 같다.)

예제 11. 다음 지도를 이웃한 지역끼리는 서로 다른 색으로 칠하려고 할 때, 필요한 채색수를 구하여라(정상권 외, 2010b, 수정).

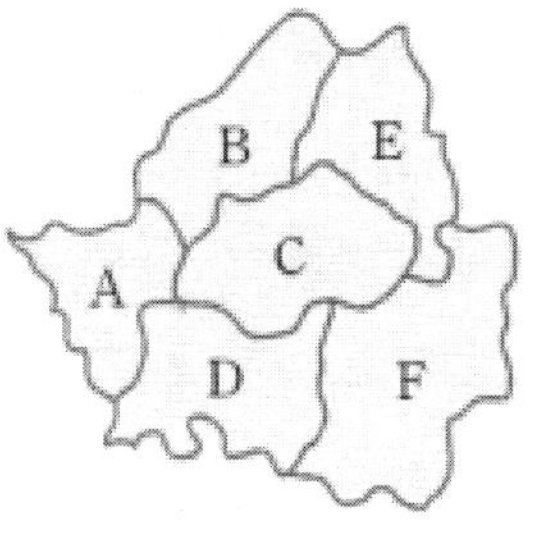

풀이 위의 지도를 그래프로 바꾸면 아래 왼쪽 그래프와 같다. 이 때, 각각의 지역에 서로 다른 색을 칠하면 아래 오른쪽 그래프가 된다. 그러므로 지도를 칠할 최소의 색은 4가 된다.

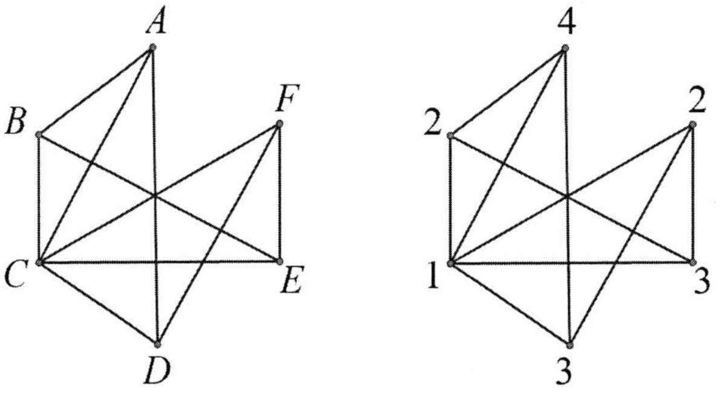

문제 30. 다음 지도를 이웃한 지역끼리는 서로 다른 색으로 칠하려고 할 때, 필요한 채색수를 구하여라(정상권 외, 2010b).

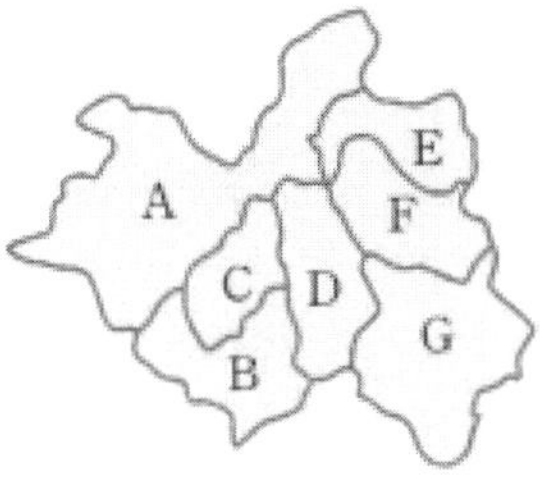

문제 31. 다음 지도를 이웃한 지역끼리는 서로 다른 색으로 칠하려고 할 때, 필요한 채색수를 구하여라(정상권 외, 2010a, 수정).

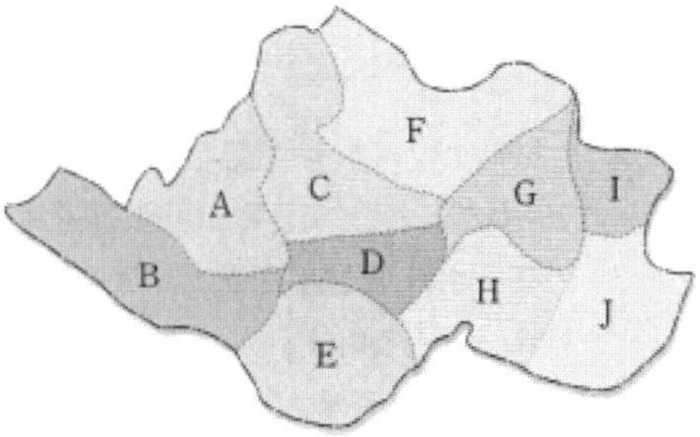

정답 풀이

1. 그래프 이론

문제 1.

(1) 꼭짓점 4개, 변 3개　(2) 꼭짓점 5개, 변 7개

문제 2. 대표적으로 하나씩만 제시

(1)

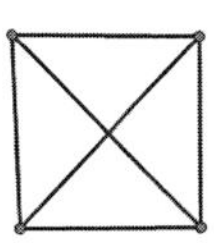

(2)

(3)

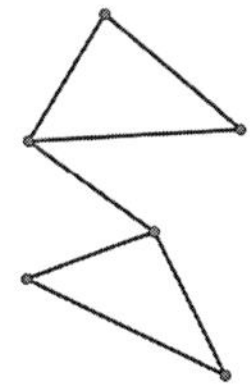

(4)

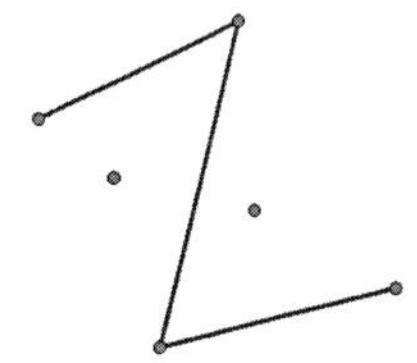

문제 3.

(1) 꼭짓점의 집합=$\{u, v, w, x\}$, 변의 집합=$\{uv, vw, wx, xu\}$

(2) 꼭짓점의 집합=$\{a, b, c, d, e\}$, 변의 집합=$\{ae, be, ce, de\}$

문제 4. 대표적으로 하나씩만 제시

(1)

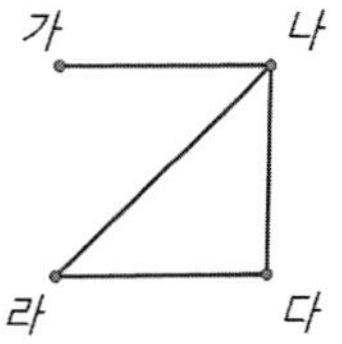

(2)

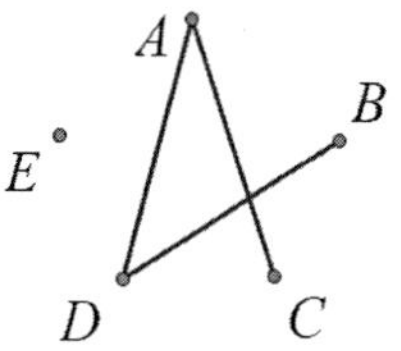

문제 5.

(1) $d(A)=0$, $d(B)=3$, $d(C)=2$, $d(D)=4$, $d(E)=2$, $d(F)=3$

(2) $d(A)=3$, $d(B)=4$, $d(C)=3$

문제 6.

(1) 왼쪽 그래프에서 점 B를 삼각형 ACD안으로 이동하면 오른쪽 그래프와 같은 그래프가 된다. 즉, A를 가와 B를 라와 C를 나와 D를 다와 대응이 되는 그래프가 되어서 두 그래프는 동형이다.

(2) 오른쪽 그래프에서 마와 바의 위치를 바꾸면 왼쪽 그래프와 동형이 된다.

문제 7.

(1) 오른쪽 그래프에서 E, F를 밖으로 끄집어내면 다음과 같은 그래프가 된다. 이는 왼쪽 그래프와는 다른 그래프이므로 이 둘은 동형이 아니다.

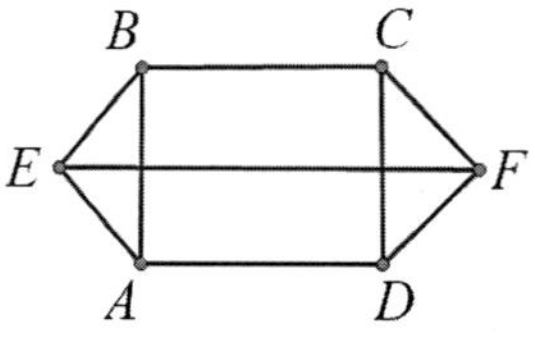

(2) A를 1과 B를 4와 C를 2와 D를 5와 E를 3과 F를 6과 대응시키면 두 그래프는 동형이 된다.

문제 8.

(1)

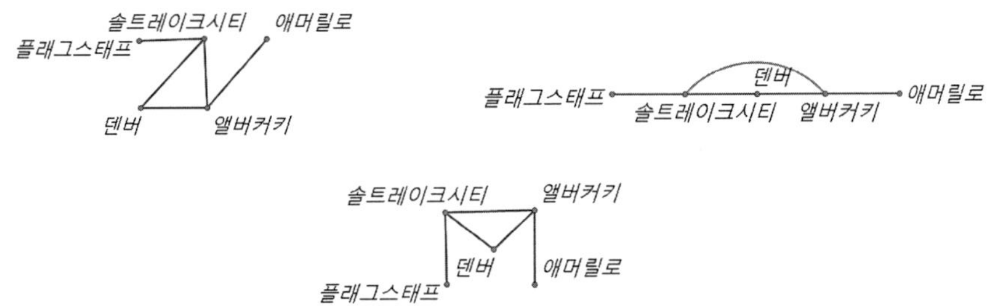

(2)

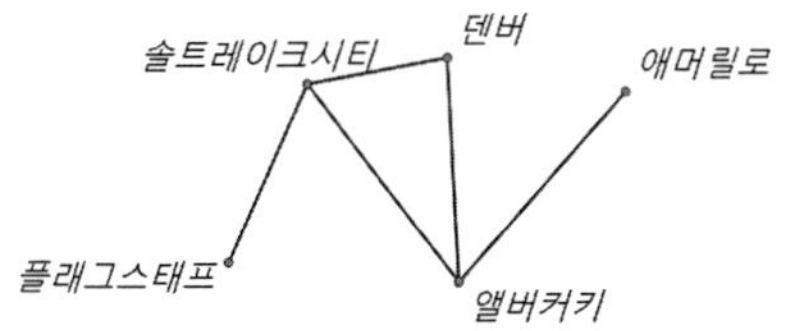

,

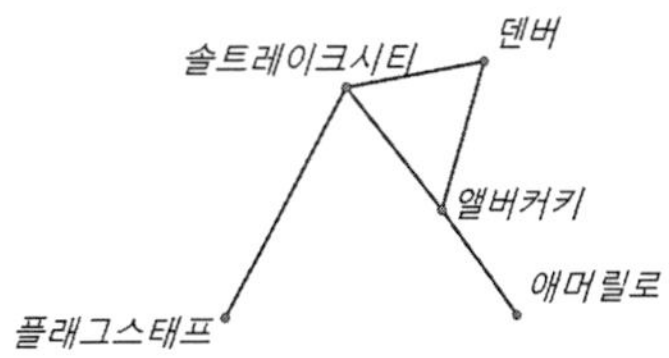

, 등

문제 9. ③

문제 10.

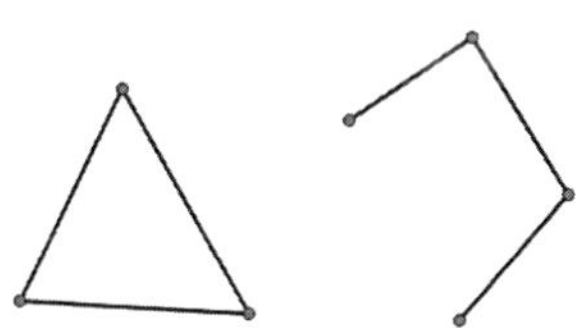

…

문제 11. ③

문제 12.

(1) AkBlCmDrEqC, BpErDmClBkA, …

(2) AoEqCmD, CqEpB, …

(3) BlCmDrEpB, AoErDnA, …

문제 13.

(1) 꼭짓점의 집합={u, v, w, z}, 변의 집합={(u, w), (v, v), (v, u), (v, w), (w, z), (w, z)}

(2) 꼭짓점의 집합={u, v, w, z}, 변의 집합={(u, v), (u, v), (u, z), (v, w), (w, u), (w, w), (w, z), (z, w)}

(3) 꼭짓점의 집합={u, v, w, x, y, z}, 변의 집합={(u, v), (u, z), (v, w), (v, z), (w, x), (w, y), (x, w), (x, y), (y, v), (y, z), (z, u), (z, z)}

2. 여러 가지 그래프

문제 1.

	K_1	K_2	K_3	K_4	K_5	K_6	…	K_n
꼭짓점의 개수	1	2	3	4	5	6	…	n
각 꼭짓점의 차수	0	1	2	3	4	5	…	$n-1$
변의 개수	0	1	3	6	10	15	…	$\frac{n(n-1)}{2}$

문제 2. ③

문제 3. ②

문제 4. I) 3-정칙그래프

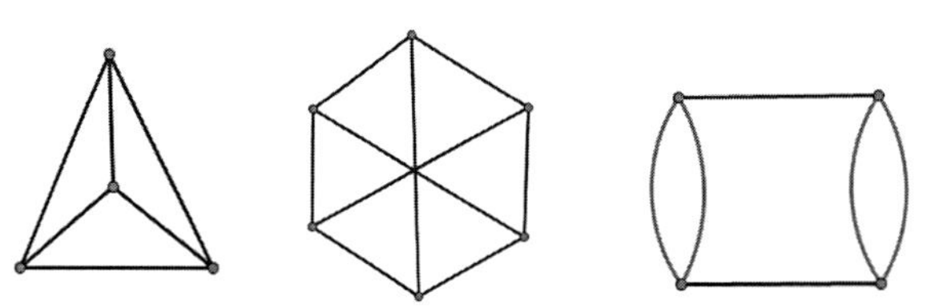

II) 4-정칙그래프

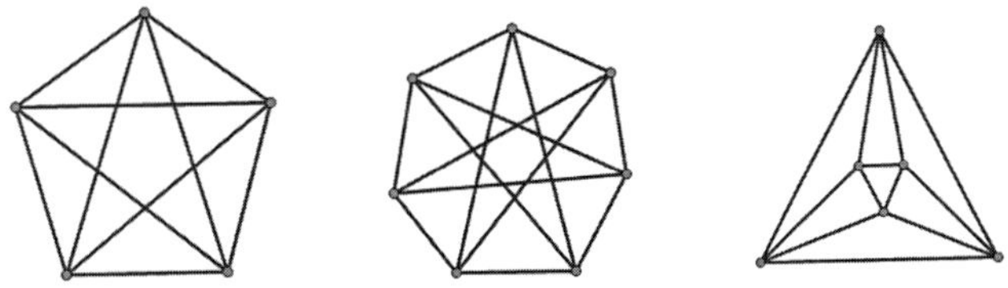

문제 5. ②

문제 6.

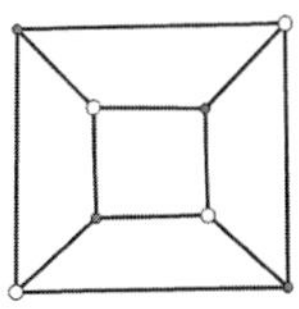

흰 점들과 검은 점들로 이분할 수 있다.

문제 7.

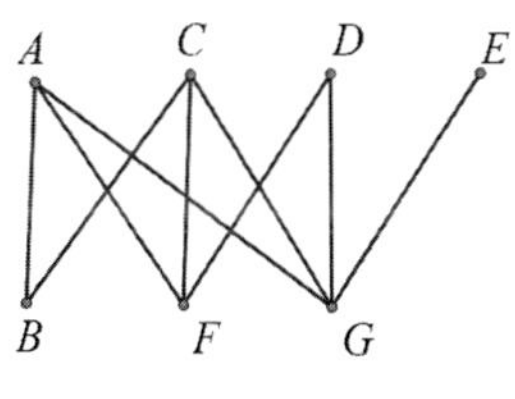

3. 여러 가지 회로

문제 1.

(1)

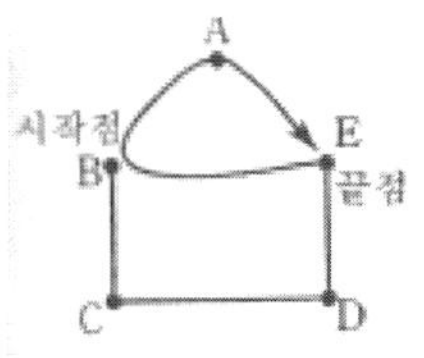

(2)

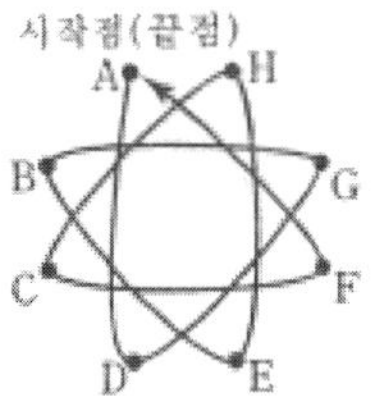

문제 2.

(1) 불가능 (2) 가능 (3) 가능

문제 3.

(1) 회로 A→D→H→E→A→B→F→C→G→B→C→D→E→F→G→H→A가 오일러 회로이다.

(2) 회로 B→C→D→E→F→D→G→H→I→J→K→L→M→N→O→A→B→H→K→N→B가 오일러 회로이다.

- 문제 4.

(1) 경로 A→D→H→E→A→B→F→C→G→B→C→D→E→F→G→H→A

(2) 경로 B→N→K→H→B→A→O→N→M→L→K→J→I→H→G→D→F→E→D→C→B

- 문제 5.

(1) 해밀턴 경로 : A→B→C→D→E 해밀턴 회로 : A→B→C→D→E→A

(2) 해밀턴 경로 : F→G→H→I→M→L→K→J

해밀턴 회로 : F→G→H→I→M→L→K→J→F

- 문제 6.

도시 A, B, C, D를 꼭짓점으로 하는 완전그래프를 그리고 두 꼭짓점을 잇는 변에 두 도시 사이에 필요한 교통비를 적으면 다음 그림과 같다.

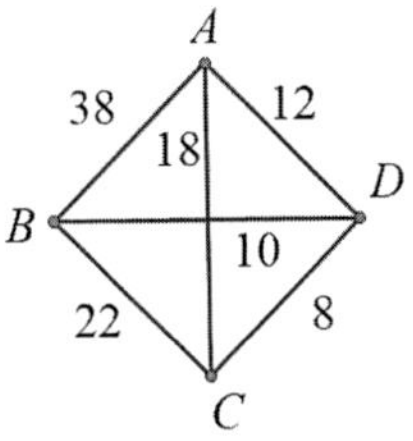

A에서 출발하여 모든 도시를 한 번씩 방문하고 다시 A로 돌아오는 방법은 위의 그래프에서 시작점이 A인 해밀턴 회로를 찾는 것과 같고, 이는 6가지가 있다.

A→B→C→D→A A→B→D→C→A A→C→B→D→A
A→C→D→B→A A→D→B→C→A A→D→C→B→A

여기서 A→B→C→D→A와 A→D→C→B→A는 순서만 반대이므로 교통비는 동일하다. 마찬가지로, A→B→D→C→A와 A→C→D→B→A, A→C→B→D→A와 A→D→B→C→A가 교통비는 동일하게 된다. 그래서 세 회로의 교통비만 비교하면 된다.

해밀턴 회로	필요한 교통비
A→B→C→D→A	38+22+8+12=80
A→B→D→C→A	38+10+8+18=74
A→C→B→D→A	18+12+10+12=62

그러므로, A→C→B→D→A 또는 A→D→B→C→A의 순서로 방문할 때, 제일 적은 교통비 62000원이 든다.

- 문제 7.

판매원이 방문해야 할 회사와 고객의 집을 꼭짓점으로 하고, 두 곳 사이의 거리를 변으로 나타내면 구하기 쉽다.

회사에서 가장 짧은 거리인 김ㅇㅇ의 집으로 가고, 김OO의 집에서 회사로 가는 길 말고, 가장 짧은 거리인 이OO의 집으로 간다. 이OO의 집에서 가장 짧은 거리인 박OO의 집으로 가고, 박OO의 집에서도 지나온 길이 아닌 가장 짧은 거리는 최OO의 집으로 가는 길이다. 최OO의 집에서 가장 짧은 거리는 4인 회사, 이OO의 집, 한OO의 집이 있다. 이OO의 집으로 가면 되돌아가는 것이니 안 되고, 회사로 바로 들어가면 한OO의 집을 거치지 않고 들어가게 된다. 그러므로, 최OO의 집에서 한OO의 집으로 가야한다. 한OO의 집에서는 다른 집은 다 지나왔으므로 회사에 들어가기만 하면 된다. 그러므로 순서는 회사→김OO→이OO→박OO→최OO→한OO→회사나 그 반대로 가면 된다. 이때, 이동 거리는 2+2+3+3+4+4=18이므로 $18km$가 된다.

- 문제 8.

그래프에서 최소 거리 2를 가지는 변인 회사와 김OO의 집, 김OO의 집과 이OO의 집 사이의 변을 선택한다. 이 두 변이 해밀턴 회로가 될 수 있는 가능성이 있으므로 선택한다. 그리고 다음 최소 거리인 3이 되는 변인 이OO의 집과 박OO의 집, 박OO의 집과 최OO의 집 사이의 변을 선택한다. 이 네 변을 그리면 겹치지 않고 해밀턴 회로가 될 가능성이 있으므로, 이 두 변을 선택한다. 다음 최소 거리인 4가 되는 변은 다섯 개가 존재한다. 이 네 변 중에서 회사와 이OO의 집을 잇는 변을 택하면 회로가 되지 않으므로 선택할 수 없다. 또한, 회사와 최OO의 집을 잇는 변을 택하면 한OO의 집을 거치지 않고 회사로 돌아가기 때문에 선택할 수 없다. 그러므로, 최OO의 집과 한OO의 집을 연결한 변을 택하면 한OO의 집과 회사를 연결한 변을 택하면 되기 때문에 이 두 변을 선택하면 된다. 그러면, 문제 6.과 마찬가지로 회사→김OO→이OO→박OO→최OO→한OO→회사나 그 반대로 가면 된다. 이때, 이동 거리는 $18km$가 된다.

- **문제 9.**

(1) A에서 가장 작은 값인 E로 간다. 그 다음 E에서 10을 제외한 가장 작은 값을 가지는 것은 D로 가는 것이다. 그리고 D에서 11을 제외한 가장 작은 값을 가지는 것은 9인 C로 가는 것이다. C에서 9를 제외한 가장 작은 값은 11인 B로 가는 것이다. 그러면 모든 점을 지나왔으므로 A로 돌아가야 한다. 즉, A→E→D→C→B→A이고, 그 반대도 가능하다. 이를 계산하면, 10+11+9+11+50=91로 9100m가 된다.

(2) 그래프에서 가장 적은 값인 9를 택한다. 그러면 C와 D를 연결하게 된다. 9 다음으로 작은 값은 10이다. 이는 A와 E를 연결한 변과 B와 D를 연결한 변이 된다. 이 세 변으로 해밀턴 회로가 될 가능성이 있으므로 모두 선택가능하다. 그 다음인 11은 두 변이 있다. D와 E를 연결한 변을 택하면 해밀턴 회로가 아니므로 선택할 수 있다. B와 C를 연결한 변 역시 그으면 해밀턴 회로가 되지 않는다. 그러므로, 11인 두 변은 선택할 수 없다. 그 다음 12인 두 변을 살펴보면, A와 D를 잇는 변은 해밀턴 회로가 되지 않기 때문에 선택할 수 없다. C와 E를 잇는 변은 가능하다. 그러면 다섯 개의 점을 잇는 변 중에 A와 B를 연결한 변만 없으므로 이를 택하면 된다. 그러면, A→B→D→C→E→A나 그 반대가 성립한다. 이를 계산하면 9+10+10+12+50=91로 9100m가 된다.

- **문제 10.** ④

- **문제 11.** ①

㉠ E→C→A: 1시간, A→B→D: 2.5시간 총 소요시간은 3.5시간

㉡ B→D→E→C→A→B: 4시간

- **문제 12.**

(1) 이 그래프는 왼쪽 그래프와 오른쪽 그래프로 분리되어 있으므로 연결그래프가 아니다.

(2) 이 그래프는 점들이 모두 연결되어 있으므로, 연결그래프이다.

4. 수형도

- **문제 1.**

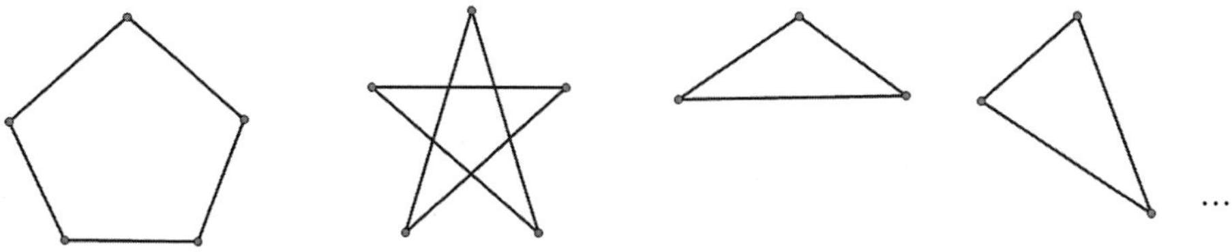

- **문제 2.**

그래프①은 모든 꼭짓점이 연결되어있지만 회로가 없으므로 수형도이다. 그래프②는 모두 연결되어있지만 회로가 생기므로 수형도가 아니다. 그래프③은 모든 점이 연결되지 않았으므로 수형도가 아니다.

- **문제 3.**

꼭짓점의 수가 6이며, 서로 동형이 다닌 수형도는 다음과 같이 여섯 가지 종류가 있다.

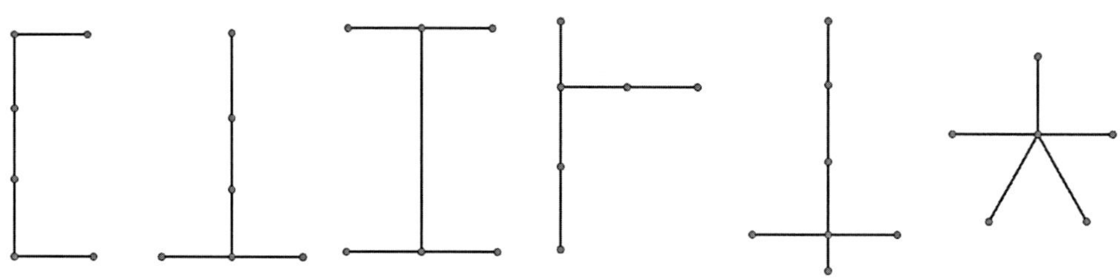

- **문제 4.**

(1) 다음 그림과 같이 변을 한 개씩 4개를 삭제하면 수형도를 만들 수 있다.

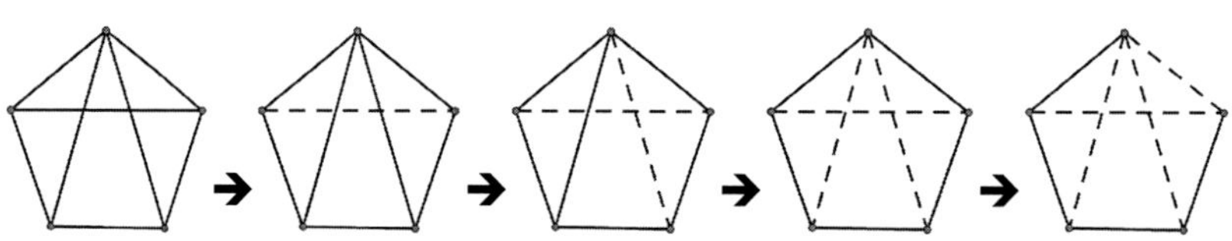

수형도 : 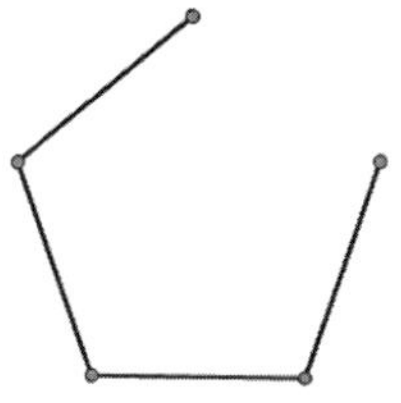

(2) 연결된 그래프에서 꼭짓점의 수와 변의 개수 사이에 (변의 수)=(꼭짓점의 수)−1 인 관계가 성립할 때까지 변을 제거하면 수형도를 만들 수 있다. 따라서, $e-(v-1)$개의 변을 삭제해야 한다.

- 문제 5.

(1)

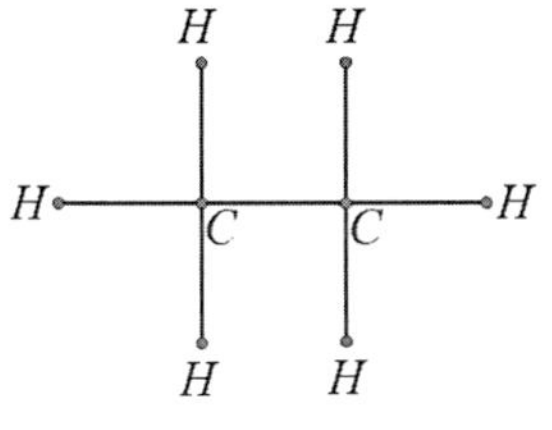

(2)

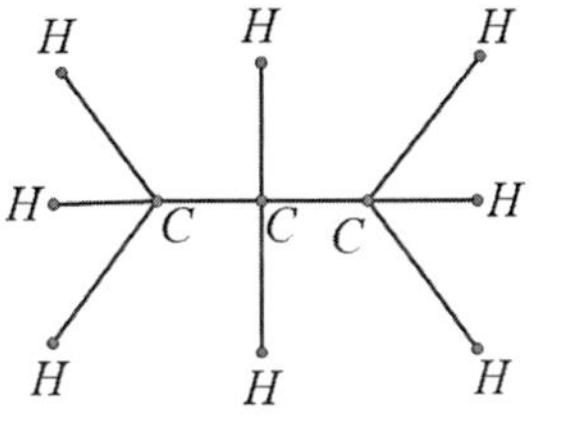

- 문제 6.

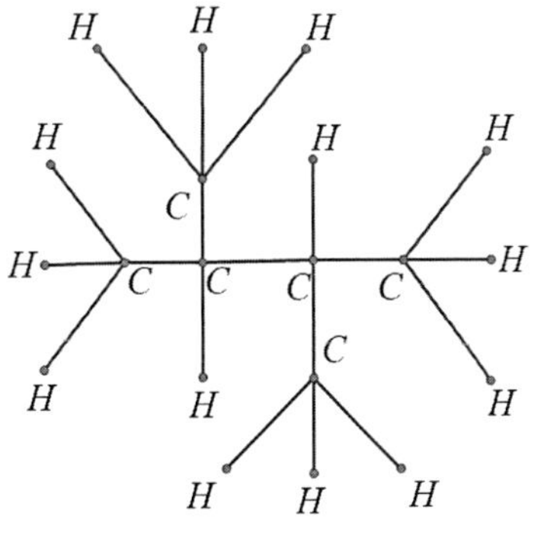

- **문제 7.**

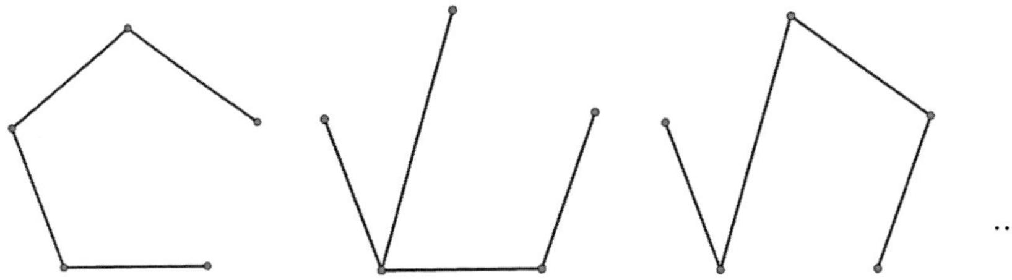

- **문제 8.**

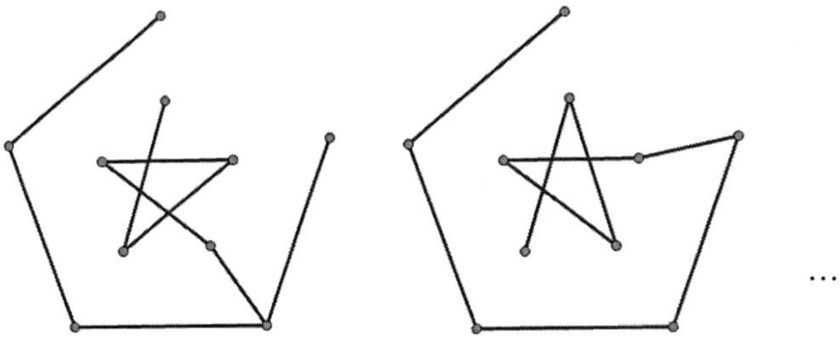

- **문제 9.**

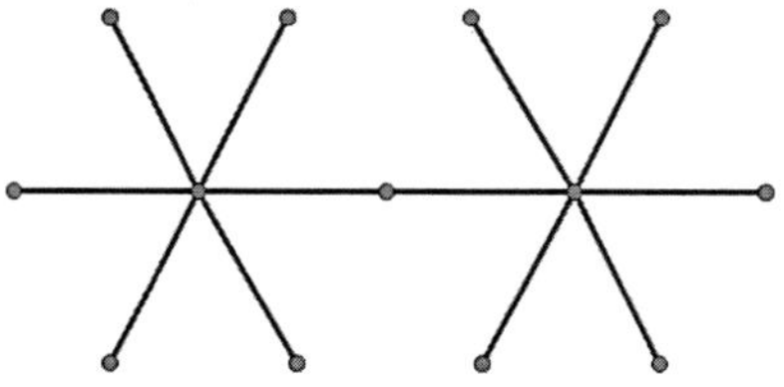

- **문제 10.**

생성수형도는 반드시 A와 B가 C, D, E, F, G 중 한 점과 만나야 한다. 그리고 만난 점을 제외한 네 점은 A나 B와 연결되면 된다. 그러므로

$$5 \times 2^4 = 80$$

가 된다. 그러므로, 생성수형도는 80개가 존재한다.

- 문제 11.

생성수형도는 반드시 B와 D가 A, C, E 중 한 점과 만나야 한다. 그리고 만난 점을 제외한 네 점은 B나 D와 연결되면 된다. 그러므로

$$3 \times 2^2 = 12$$

가 된다. 그러므로, 생성수형도는 12개가 존재한다.

- 문제 12.

〈깊이우선탐색 방법〉

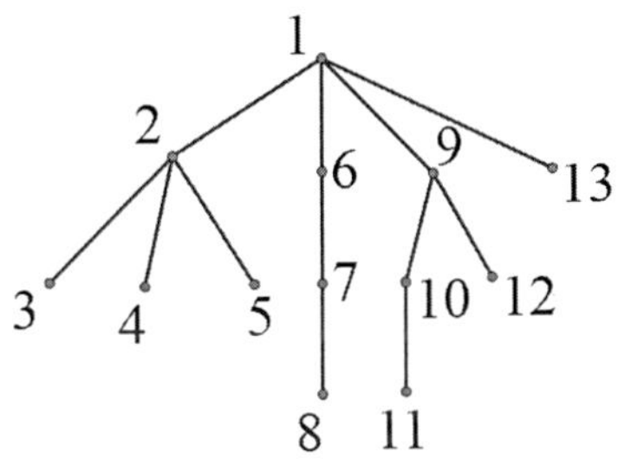

〈너비우선탐색 방법〉

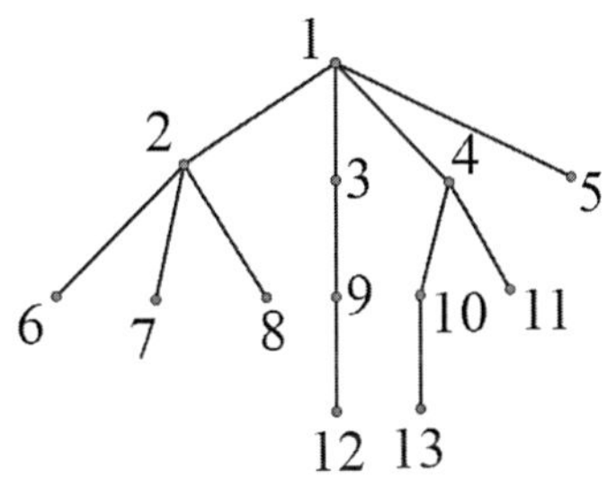

- 문제 13.

〈깊이우선탐색 방법〉

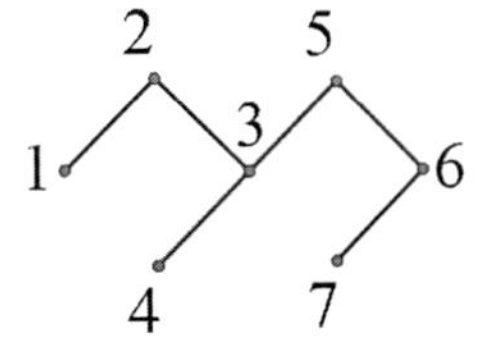

〈너비우선탐색 방법〉

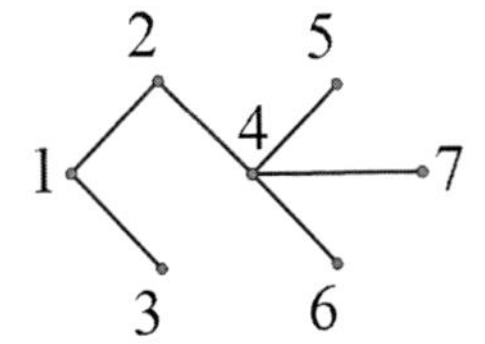

- 문제 14.

〈깊이우선탐색 방법〉

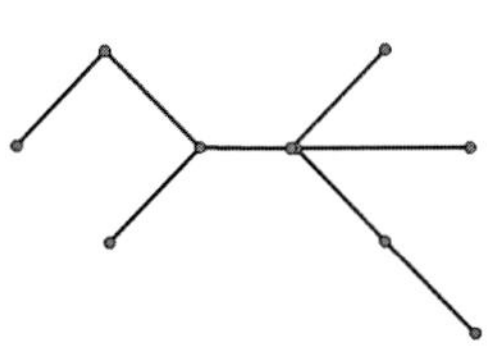

〈너비우선탐색 방법〉

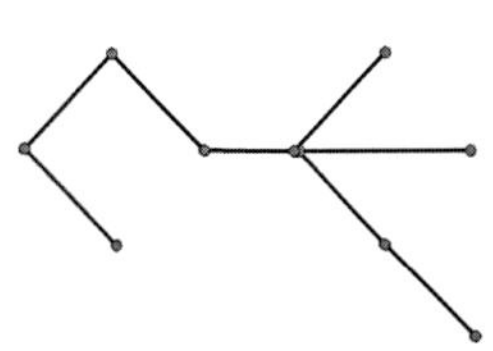

- 문제 15.

〈깊이우선탐색 방법〉

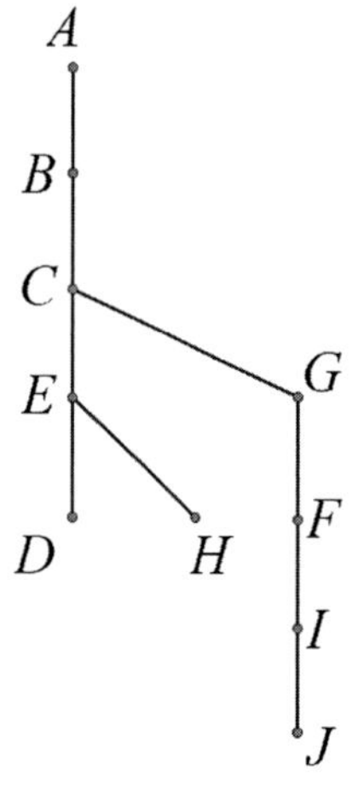

〈너비우선탐색 방법〉

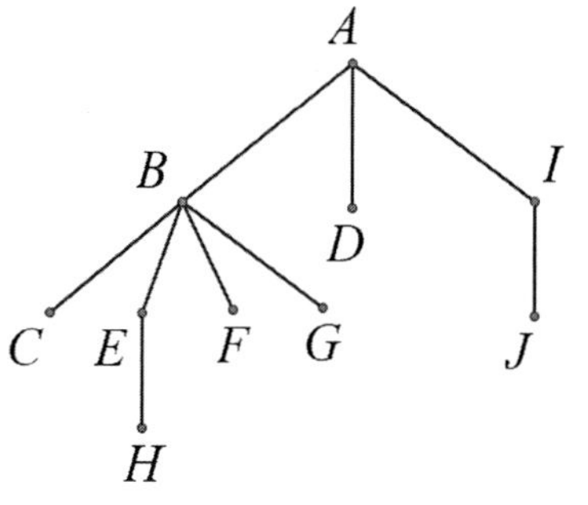

- 문제 16.

〈깊이우선탐색 방법〉

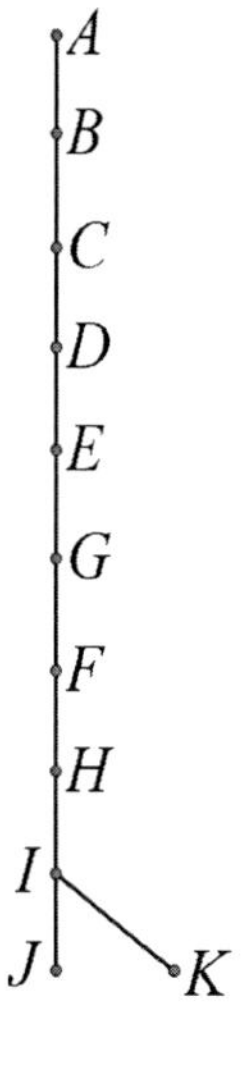

〈너비우선탐색 방법〉

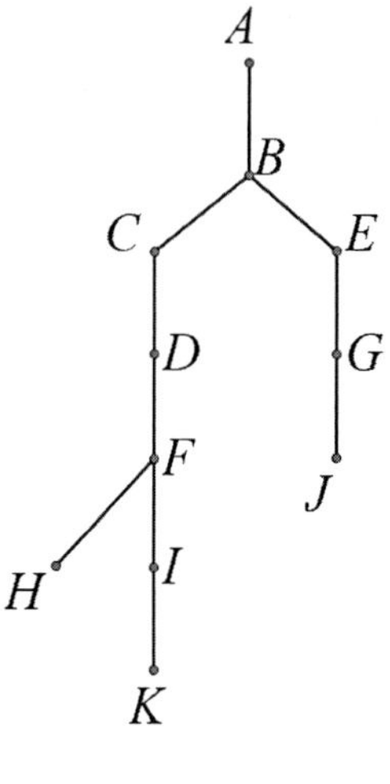

- 문제 17.

〈그리디 알고리즘〉

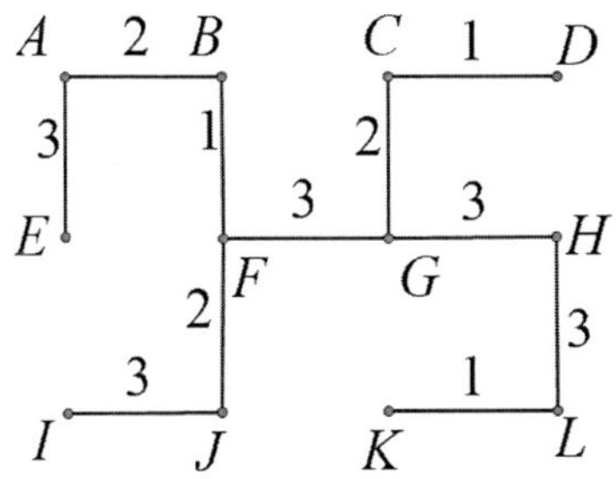

〈크루스컬 알고리즘〉

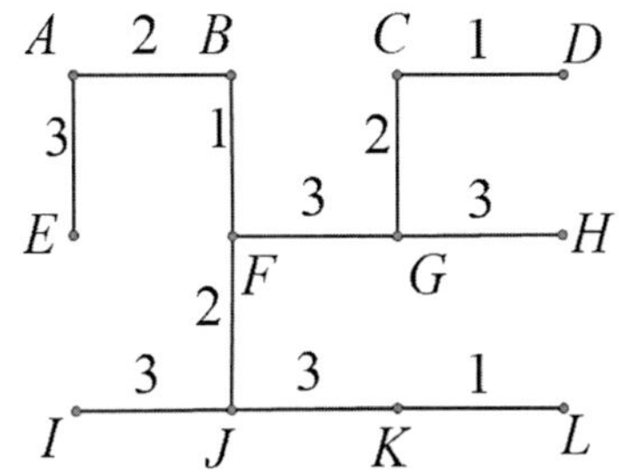

그리디 알고리즘으로 구한 생성수형도에서 모든 수의 합은 24이고, 크루스컬 알고리즘으로 구한 생성수형도에서 모든 수의 합은 22이다. 그러므로 크루스컬 알고리즘으로 구한 생성수형도가 최솟값을 가진다.

- 문제 18.

〈그리디 알고리즘〉

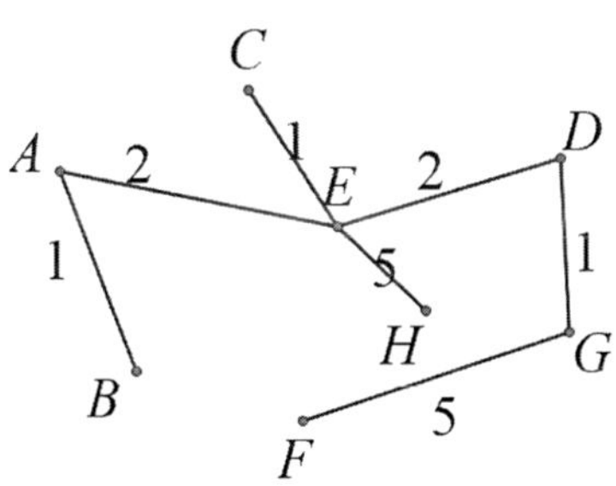

〈크루스컬 알고리즘〉

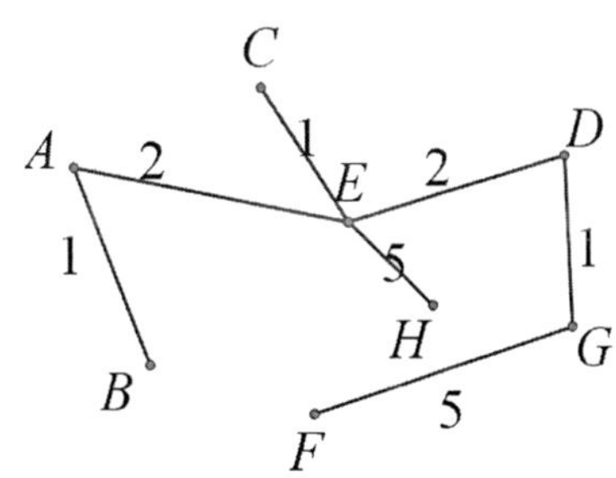

둘 다 동일한 생성수형도를 가지는 것을 알 수 있다. 일반적으로 크루스컬 알고리즘이 적은 값을 택하는 것이므로 둘 중 최솟값을 가진다. 최솟값은 17이다.

5. 그래프의 활용

- 문제 1.

(1) $\begin{pmatrix} 2 & 4 \\ 6 & -8 \end{pmatrix} + \begin{pmatrix} -1 & 7 \\ 9 & 5 \end{pmatrix} = \begin{pmatrix} 1 & 11 \\ 15 & -3 \end{pmatrix}$

(2) $\begin{pmatrix} 3 & 9 & -12 \\ -7 & 1 & 15 \\ 6 & -11 & 13 \end{pmatrix} - \begin{pmatrix} -9 & 5 & 4 \\ 8 & -2 & 9 \\ 10 & 2 & -3 \end{pmatrix} = \begin{pmatrix} 12 & 4 & -16 \\ -15 & 3 & 6 \\ -4 & -13 & 16 \end{pmatrix}$

- 문제 2.

(1) $3\begin{pmatrix} 1 & 9 & -3 \\ 2 & 5 & 8 \\ -4 & 7 & 3 \end{pmatrix} = \begin{pmatrix} 3 & 27 & -9 \\ 6 & 15 & 24 \\ -12 & 21 & 9 \end{pmatrix}$

(2) $-2\begin{pmatrix} 3 & 6 \\ -2 & -4 \end{pmatrix} = \begin{pmatrix} -6 & -12 \\ 4 & 8 \end{pmatrix}$

- 문제 3.

(1) $\begin{pmatrix} 3 & 2 \\ -1 & 5 \\ 9 & -2 \end{pmatrix} + \begin{pmatrix} -3 & 6 \\ 2 & -4 \\ -5 & 1 \end{pmatrix} = \begin{pmatrix} 3-3 & 2+6 \\ -1+2 & 5-4 \\ 9-5 & -2+1 \end{pmatrix} = \begin{pmatrix} 0 & 8 \\ 1 & 1 \\ 4 & -1 \end{pmatrix}$

(2) $\begin{pmatrix} 3 & 2 \\ -1 & 5 \\ 9 & -2 \end{pmatrix} - \begin{pmatrix} -3 & 6 \\ 2 & -4 \\ -5 & 1 \end{pmatrix} = \begin{pmatrix} 3+3 & 2-6 \\ -1-2 & 5+4 \\ 9+5 & -2-1 \end{pmatrix} = \begin{pmatrix} 6 & -4 \\ -3 & 9 \\ 14 & -3 \end{pmatrix}$

(3) $-3A = -3 \times \begin{pmatrix} 3 & 2 \\ -1 & 5 \\ 9 & -2 \end{pmatrix} = \begin{pmatrix} -9 & -6 \\ 3 & -15 \\ -27 & 6 \end{pmatrix}$

- 문제 4.

(1) $\begin{pmatrix} 3 & -2 \\ 5 & 7 \end{pmatrix}\begin{pmatrix} -6 & 2 \\ -5 & 1 \end{pmatrix} = \begin{pmatrix} -18+10 & 6-2 \\ -30-35 & 10+7 \end{pmatrix} = \begin{pmatrix} -8 & 4 \\ -65 & 17 \end{pmatrix}$

(2) $\begin{pmatrix} 1 & 4 \\ -2 & 3 \\ 8 & -9 \end{pmatrix}\begin{pmatrix} -5 & 2 \\ 7 & -1 \end{pmatrix} = \begin{pmatrix} -5+28 & 2-4 \\ 10+21 & -4-3 \\ -40-63 & 16+9 \end{pmatrix} = \begin{pmatrix} 23 & -2 \\ 31 & -7 \\ -103 & 25 \end{pmatrix}$

- 문제 5.

(1)

	서울	부산	광주	제주
서울	0	1	1	1
부산	1	0	0	1
광주	1	0	0	1
제주	1	1	1	0

(2) $\begin{pmatrix} 0&1&1&1 \\ 1&0&0&1 \\ 1&0&0&1 \\ 1&1&1&0 \end{pmatrix}$

- 문제 6.

(1) $\begin{pmatrix} 0&1&0&0&1 \\ 1&0&1&1&1 \\ 0&1&0&1&1 \\ 0&1&1&0&1 \\ 1&1&1&1&0 \end{pmatrix}$

(2) $\begin{pmatrix} 0&1&0&0&0&0&1 \\ 1&0&1&0&0&0&1 \\ 0&1&0&1&0&1&0 \\ 0&0&1&0&0&1&0 \\ 0&0&0&0&0&1&0 \\ 0&0&1&1&1&0&1 \\ 1&1&0&0&0&1&0 \end{pmatrix}$

- 문제 7.

(1)

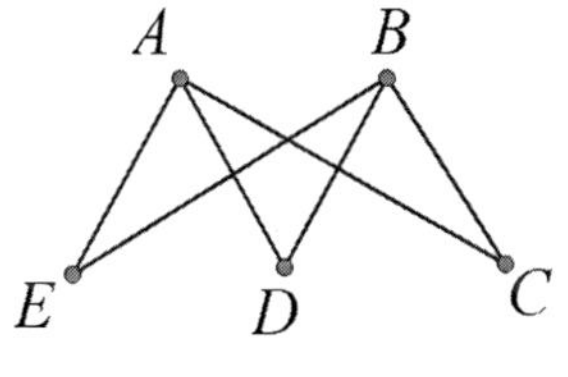

(2)

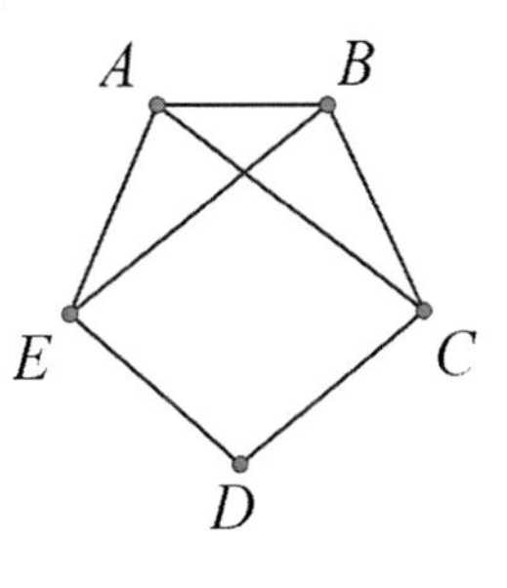

- 문제 8.

(1) v_2, v_3, v_5

(2) 각 행의 성분 합이 그 꼭짓점의 차수이다. 그래서

$$d(v_1)=3,\ d(v_2)=3,\ d(v_3)=3,\ d(v_4)=2,\ d(v_5)=1$$

(3) 변의 수는 대각을 중심으로 윗부분의 성분만 더하거나 아랫부분의 성분만 더하면 된다. 아니면 모든 성분을 더해서 반으로 나누면 된다. 그 결과 변은 6개이다.

(4)

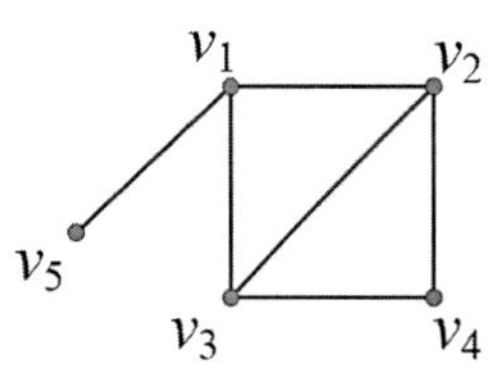

- 문제 9.

(1)

$$\begin{array}{c} \\ 천 \\ 제 \\ 안 \\ 대 \end{array}\begin{array}{c} 천\ 제\ 안\ 대 \\ \begin{pmatrix} 0 & 1 & 0 & 1 \\ 1 & 0 & 1 & 1 \\ 0 & 1 & 0 & 1 \\ 1 & 1 & 1 & 0 \end{pmatrix} \end{array}$$

(2) (1)에서 얻어진 행렬을 A라 하면,

$$A^2=\begin{array}{c} \\ 천 \\ 제 \\ 안 \\ 대 \end{array}\begin{array}{c} 천\ 제\ 안\ 대 \\ \begin{pmatrix} 2 & 1 & \boxed{2} & 1 \\ 1 & 3 & 1 & 2 \\ 2 & 1 & 2 & 1 \\ 1 & 2 & 1 & 3 \end{pmatrix} \end{array}$$

이므로, 2가지

(3) A^2에서 대전 행과 대전 열의 원소가 3이므로, 3가지이다.

- 문제 10.

(1)

$$\begin{pmatrix} 1&0&0&1 \\ 1&1&0&0 \\ 0&0&1&0 \\ 0&1&1&1 \end{pmatrix}$$

(2)

$$\begin{pmatrix} 1&0&0&1&1&0 \\ 1&1&0&0&0&1 \\ 0&1&1&0&0&0 \\ 0&0&1&0&1&1 \\ 0&0&0&1&0&0 \end{pmatrix}$$

- 문제 11.

(1)

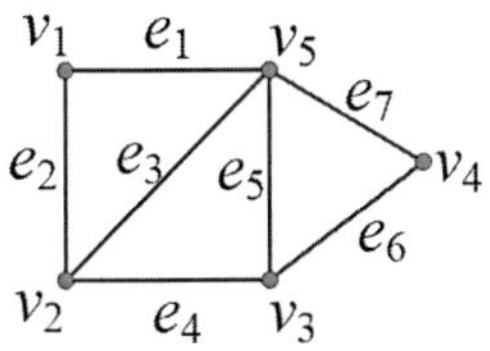

(2)

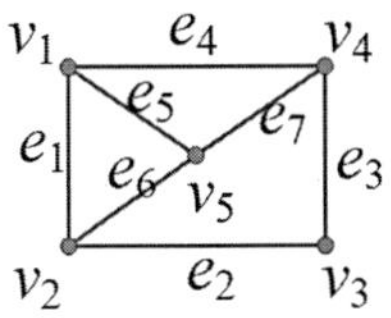

- 문제 12.

(1)

$$\begin{pmatrix} 1&0&0&0&1&0&0&0 \\ 1&1&0&0&0&1&0&1 \\ 0&1&1&0&0&0&1&0 \\ 0&0&1&1&0&0&0&1 \\ 0&0&0&1&1&1&1&0 \end{pmatrix}$$

(2)

$$\begin{pmatrix} 1&0&0&1&1&0&0&0&0 \\ 1&1&0&0&0&1&0&0&0 \\ 0&1&1&0&0&0&1&0&0 \\ 0&0&1&1&0&0&0&1&0 \\ 0&0&0&0&1&0&0&1&1 \\ 0&0&0&0&0&1&1&0&1 \end{pmatrix}$$

- 문제 13.

(1)

$$\begin{pmatrix} 0&1&0&1 \\ 0&0&1&0 \\ 1&0&0&0 \\ 0&1&1&0 \end{pmatrix}$$

(2)

$$\begin{pmatrix} 0&0&0&1&1 \\ 1&0&0&0&0 \\ 0&1&0&0&0 \\ 0&0&1&0&0 \\ 0&0&1&1&0 \end{pmatrix}$$

- **문제 14.**

(1)

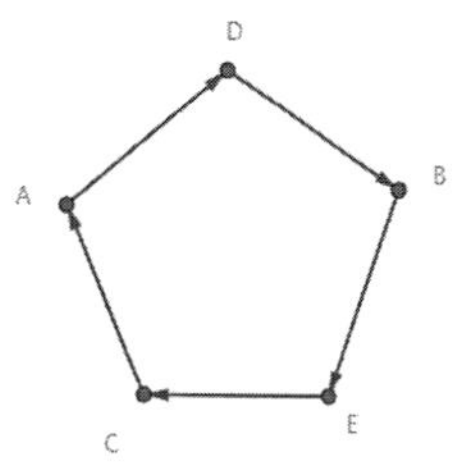

(2)

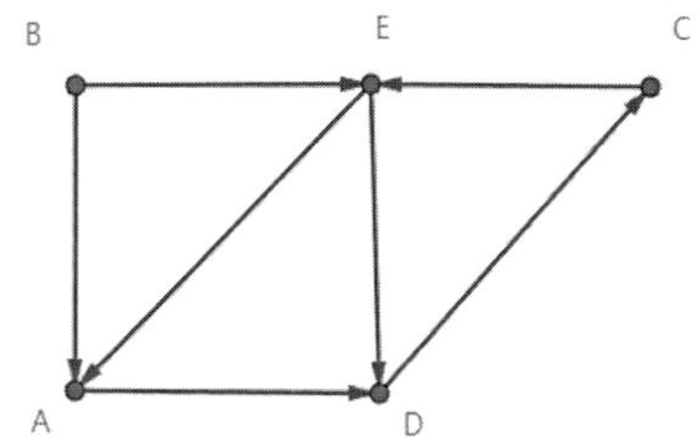

- **문제 15.**

(1) $A = \begin{pmatrix} 0&1&1&1 \\ 0&0&1&0 \\ 1&0&0&0 \\ 1&0&1&0 \end{pmatrix}$

(2) $A + A^2$

- **문제 16.**

(1)

$$\begin{pmatrix} 1 & 0 & -1 & 1 & 0 & 0 \\ -1 & 1 & 0 & 0 & -1 & 0 \\ 0 & -1 & 1 & 0 & 0 & -1 \\ 0 & 0 & 0 & -1 & 1 & 1 \end{pmatrix}$$

(2)

$$\begin{pmatrix} -1 & 0 & 0 & 1 & 1 & 0 & 0 \\ 1 & -1 & 0 & 0 & 0 & 0 & 0 \\ 0 & 1 & -1 & 0 & 0 & -1 & 0 \\ 0 & 0 & 1 & -1 & 0 & 0 & -1 \\ 0 & 0 & 0 & 0 & -1 & 1 & 1 \end{pmatrix}$$

- **문제 17.**

(1)

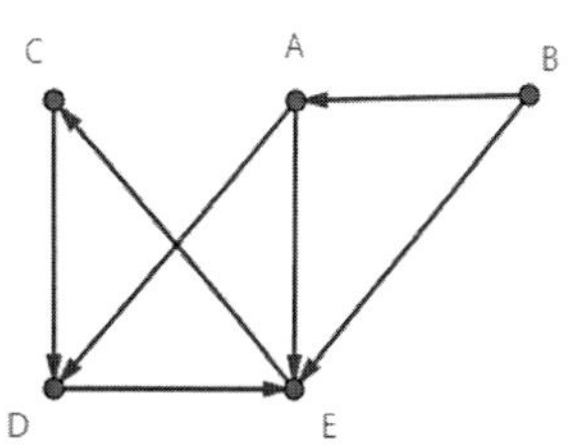

(2)

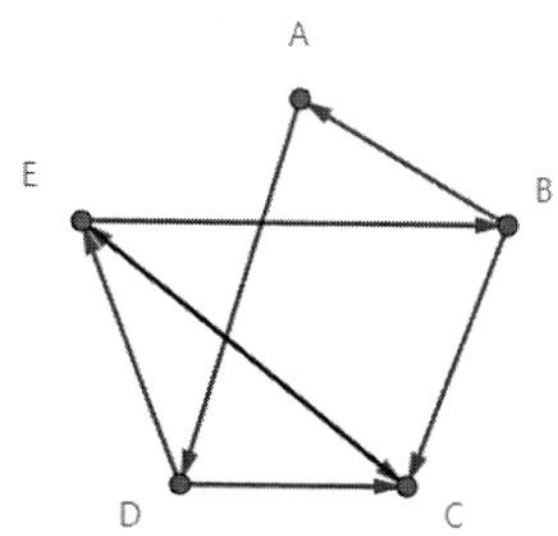

- 문제 18.

(1)

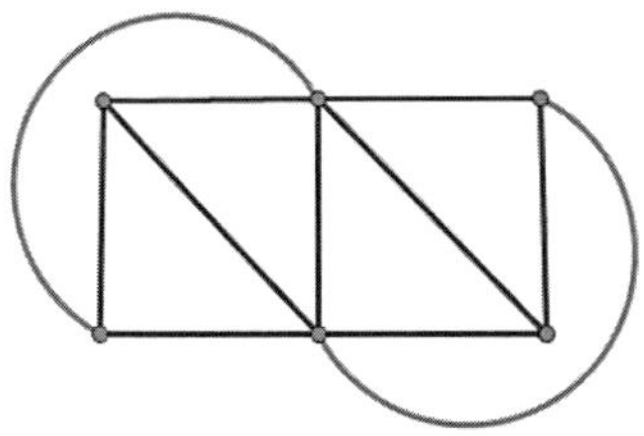

(2) 평면 그래프가 아니다.

(3)

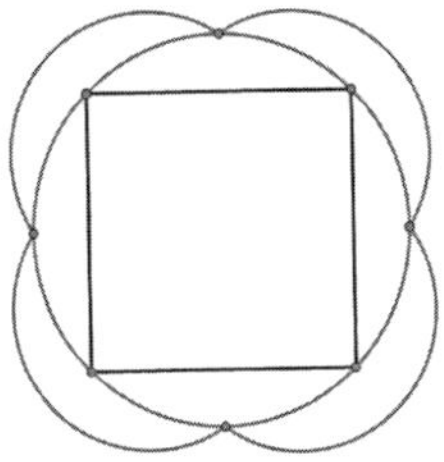

- 문제 19.

(1)

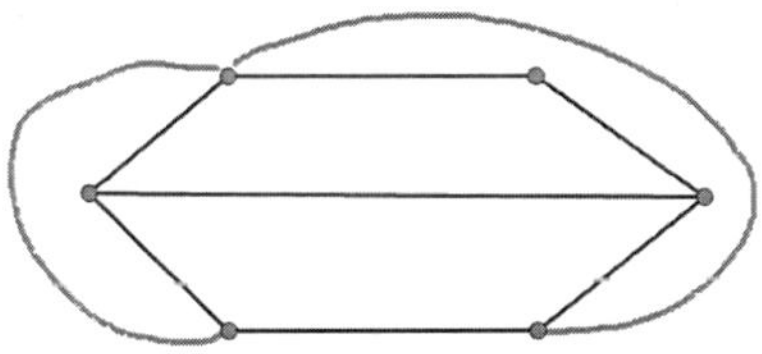

(2)

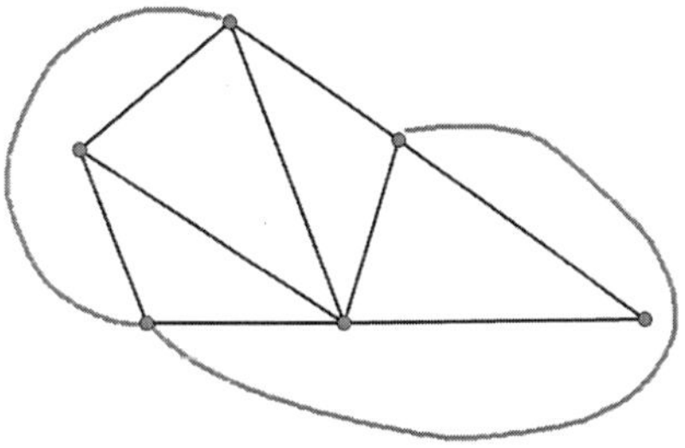

- 문제 20.

(1)

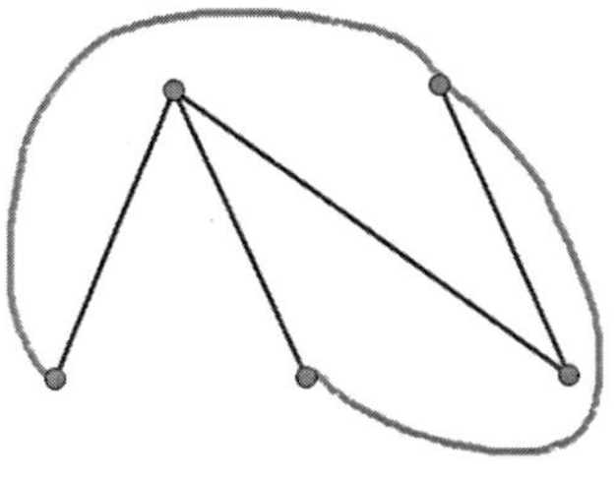

(2)

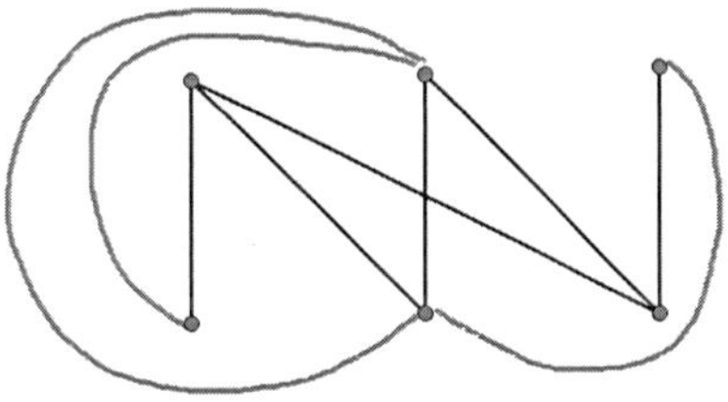

- 문제 21.

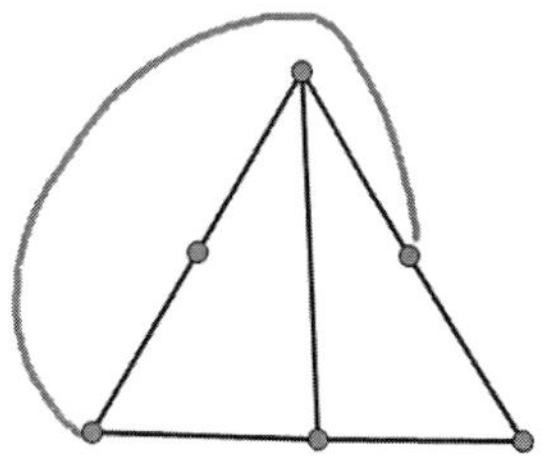

꼭짓점의 수 : 6, 변의 수 : 8, 면의 수 : 4

- 문제 22.

(1) $v=5,\ e=5,\ f=2$ (2) $v=5,\ e=9,\ f=6$

두 문제를 통하여, $v-e+f=2$를 유추할 수 있다.

- 문제 23.

(1) $v=4,\ e=6,\ f=4$이므로, $v-e+f=4-6+4=2$이다.

(2) $v=6,\ e=9,\ f=5$이므로, $v-e+f=6-9+5=2$이다.

- 문제 24.

세 연사 A, B, C는 어느 두 사람도 같은 시간에 배정할 수 없으므로 적어도 세 시간은 필요하다. A, D와 B, E와 C 이렇게 세 부분으로 나누어 시간을 배정하면 모두 원하는 강의를 들을 수 있으므로 필요한 최소 시간은 세 시간이다.

- 문제 25.

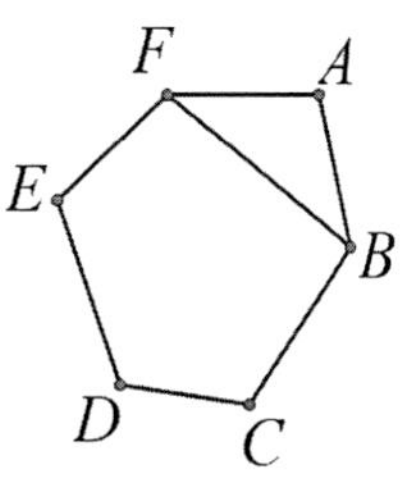

그림을 그래프로 옮기면 왼쪽 그래프와 같다. $40km$이하인 거리를 연결하면 다음과 같다. 그래서 연결된 거리에는 같은 색이 있으면 안된다. 그래서 삼각형으로 연결된 A, B, F를 각각 다른 색 1, 2, 3으로 칠하고 그 다음에 E는 2, C는 1로 칠하면 남은 D는 3으로 칠하면 된다. 그러므로, 총 3개의 색이 필요하다. 그래서 이 지역의 모든 방송국이 전파 간섭 없이 방송을 하려면 적어도 3개의 주파수가 필요하다.

- **문제 26.**

(1)

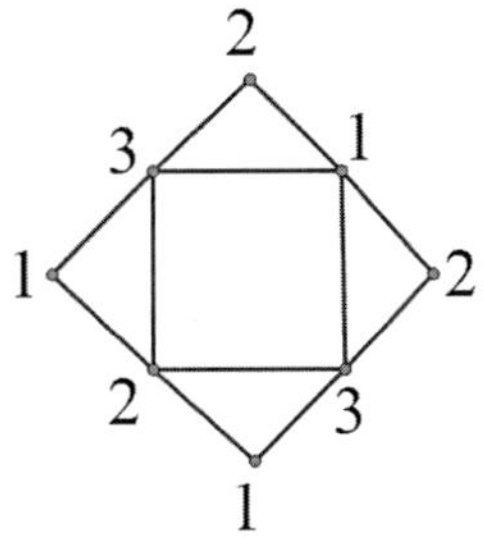

(2)

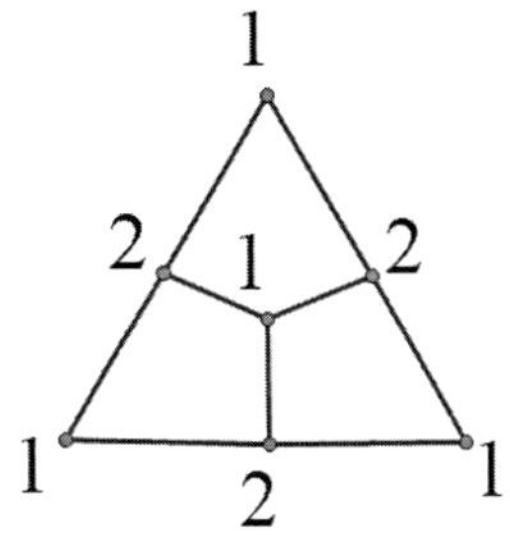

- **문제 27.**

(1)

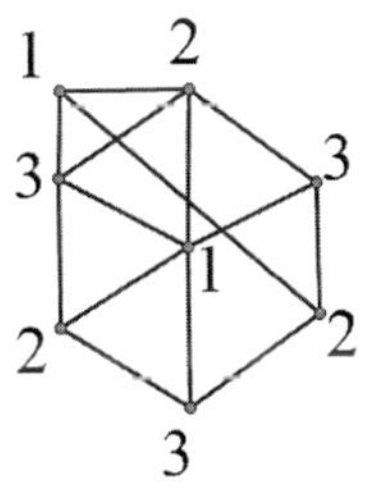

(2)

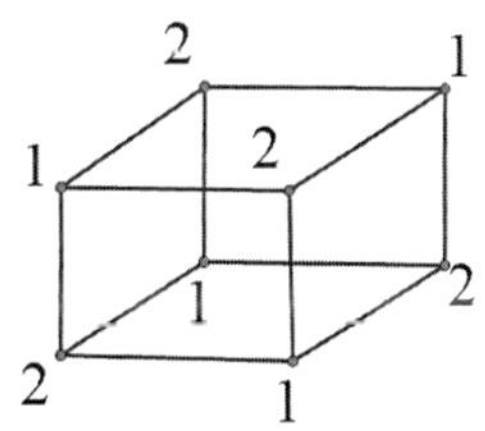

- **문제 28.**

(1)

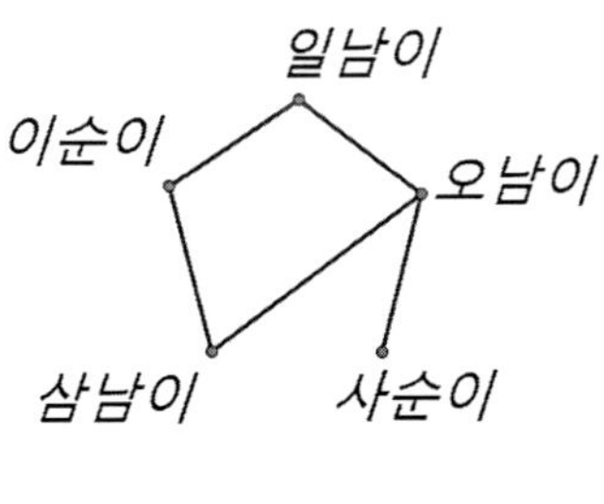

(2) 2개

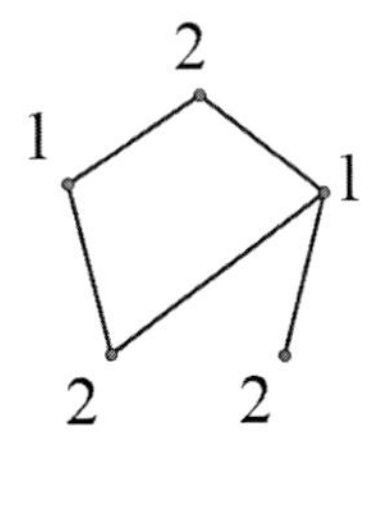

- **문제 29.**

(1) 4시간

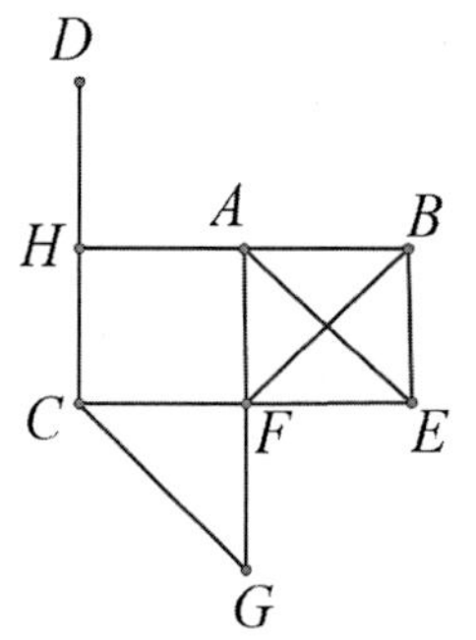

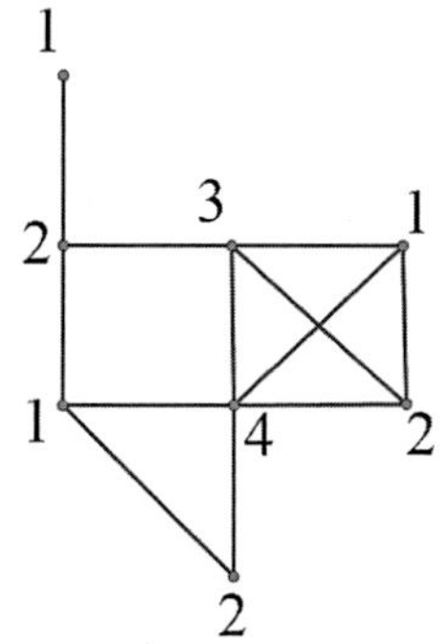

(2) (1)에서 같은 번호를 갖는 과목은 같은 시간에 배정하면 다음과 같다.

	과목
첫째 시간	B, C, D
둘째 시간	E, G, H
셋째 시간	A
넷째 시간	F

하지만, 강의실은 P, Q 둘 뿐이므로 첫째 시간과 둘째 시간에서 한 과목씩 빼어서 셋째 시간과 넷째 시간으로 옮겨야 한다. 그래서 그래프에서 1, 2 중에서 3, 4로 바꾸면 다음 그래프와 같다.

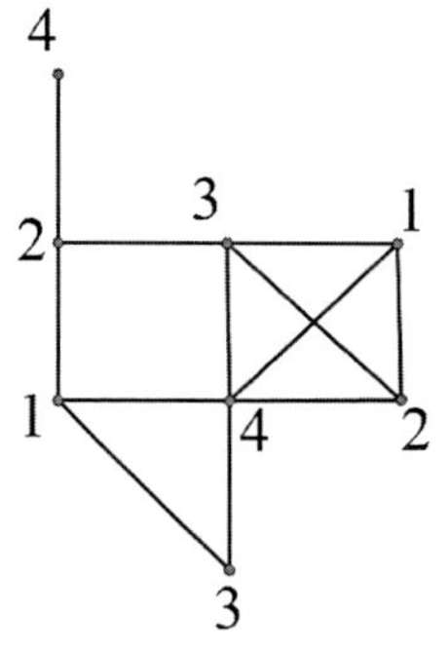

그래서 다시 배정하면 다음과 같다.

	P	Q
첫째 시간	B	C
둘째 시간	E	H
셋째 시간	A	G
넷째 시간	F	F

즉, P 강의실에는 B, E, A, D과목을, Q 강의실에는 C, F, G, F과목을 배정하면 된다.

- 문제 30. 4가지

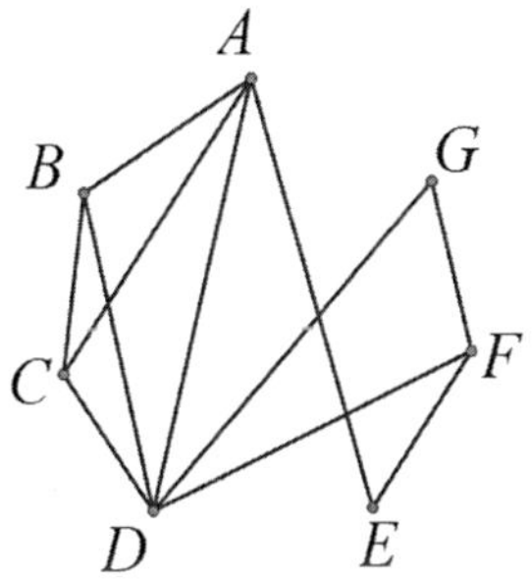

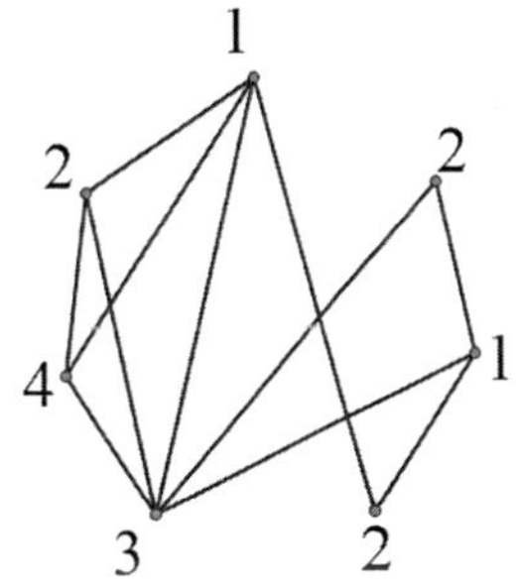

- 문제 31. 3가지

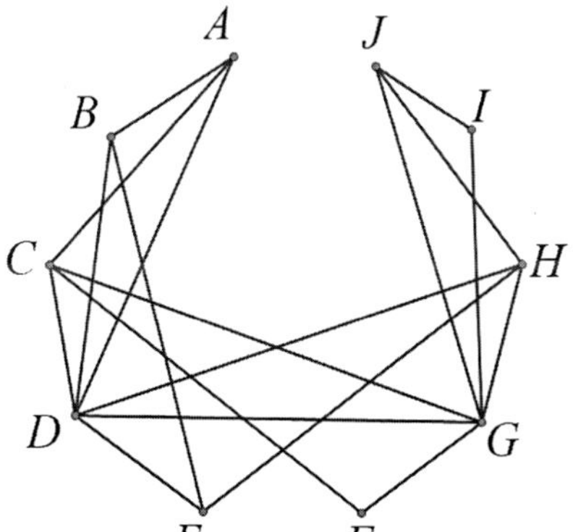

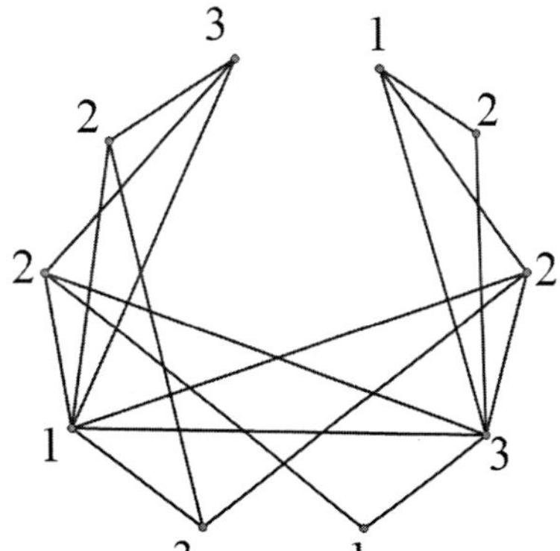

참고문헌

강원대학교 국정도서 편찬위원회(2003). 고등학교 이산수학 교사용지도서. 교육인적자원부

박종안, 서승현, 이재진, 이준열(2016). 이산수학-제5판. 경문사.

정상권, 이재학, 박혜숙, 홍진곤, 박부성, 김정배, 김상훈, 김윤희, 우혜영(2010a). 수학의 활용. ㈜ 금성출판사.

정상권, 이재학, 박혜숙, 홍진곤, 박부성, 김정배, 김상훈, 김윤희, 우혜영(2010b). 수학의 활용 익힘책. ㈜ 금성출판사.

취업적성연구소(2019). NH농협계열사 인적성검사(Lv.2) 및 직무능력검사, 논술. ㈜서원각.

SD적성검사연구소(2010). HAT 한화그룹 직무적성검사. 시대고시기획.

Wilson, R. & Watkins, J.(1990). Graphs: An introductory approach: A first course in discrete mathematics. John Wiley & Sons: Canada.

찾아보기

저 • 자 • 소 • 개

김인경

현, 청주대학교 사범대학 수학교육학과 교수

교양수학시리즈 · 3

그래프 이론의 기초

초판발행 2025년 2월 25일

지은이 김인경
펴낸이 오판근
펴낸곳 (주) 교우
주 소 서울시 동대문구 약령시로 8 교우빌딩 2층 (주)교우
전 화 02-925-2861 / **팩 스** 070-7966-8610. **편집부** 02-925-2825
홈페이지&북스토어 www.kyowoo.co.kr / **이메일** kyowoo@kyowoo.co.kr

등 록 1994년 3월 24일 제1994-000013호
ISBN 979-11-251-0411-7(94410) / 979-11-251-0069-0(세트)

Published by Kyowoo Co., Ltd. Printed in Korea

값 12,000원

교우미디어는 (주) 교우의 Imprint 사입니다.
수학정원·과학정원은 (주) 교우의 새로운 브랜드명입니다.